U0014835

書系緣起

早在二千多年前，中國的道家大師莊子已看穿知識的奧祕。莊子在《齊物論》中道出態度的大道理：莫若以明。

莫若以明是對知識的態度，而小小的態度往往成就天淵之別的結果。

「樞始得其環中，以應無窮。是亦一無窮，非亦一無窮也。故曰：莫若以明。」

是誰或是什麼誤導我們中國人的教育傳統成為閉塞一族。答案已不重要，現在，大家只需著眼未來。

共勉之。

No Bullsh*t Leadership

Why the World Needs More Everyday Leaders and Why That Leader Is You

領導

就是帶人
從起點到
完成目標

本書獻給

安、狄倫和山姆

人人都會作夢，內容卻不盡相同。那些晚上做夢的人在白天醒來，會發現還是一場虛空。但那些做白日夢的人才危險，因為他們會醒著採取行動，讓自己的夢成真。

——《智慧七柱》（*Seven Pillars of Wisdom*）作者湯瑪士·艾德華·勞倫斯（T.E. Lawrence）

Contents
目錄

〈專文推薦〉

領導就是努力不懈地學習

克萊夫・伍華德爵士（Sir Clive Woodward）

沒有人是天生的領導者。然而你卻可以學習並自我發展成一位領導者，也可以訓練及教導別人成為領導者。許多人認為領導才能是由自信、魅力、視野等個人特質決定，但就個人經驗來說，只要我們願意去做，其實每個人都做得到。想要成為領導者，有兩個最重要的條件：第一、善於聆聽；第二、永遠保持好奇心，對所有事物保持開放態度，還要願意學習。過去那種領導者高高在上，只有夠資深、夠資格的人才能跟他說上話的日子已經過去了，現在每個人都希望自己能夠發聲，也希望被人聽見，成功的領導者必須能有效傾聽，同時快速學習。

一個好的領導者應該要認知到不只他們有好意見。這不代表領導者要放棄「權威」，因為你還是得負起責任，做出同意或不同意的決定。但好意見可能來自於任何地方——如果你允許它們出現的話。我從來不認為自己善於提出好意見，卻很擅長組成有自己想法的團隊，還非常懂得傾聽，也能根據團隊所提出的意見採取行動。

我一直很熱愛學習，不僅從自己的經驗，也會汲取他人的經驗——不管是誰、不管他們在哪裡。為了讓自己成為一個更好的領導者及教練，只要有機會，我會到世界的任何地方去瞭解、發現對我有幫助的事物。一旦你把學習當成工作的一部分，就會發現原來有各式各樣的人，可以教導你新的事物。我把這稱做「努力不懈地學習」。我在二〇〇三年以英格蘭橄欖球隊總教練的身份帶領隊伍進軍世界盃並贏得冠軍，比賽的過程中，我們跟其他參賽隊伍無異，都經歷了勝利與失敗，然而卻不像一般隊伍，慶祝勝利的同時也花了很多時間檢討失敗。正好相反，我們把失敗當成工作中無可避免、不受歡迎的一部分，所以當失敗來臨時，我們就喝點啤酒（那時是可以的），並將之置諸腦後；當我們贏了，就下定決心從中學習，第二天一早開始解構、分析勝利，研究自己到底做對了什麼，然後告訴自己下一次要做得更好。

如果你善於傾聽，且學習速度很快，那麼，你已經走在正確的道路上了。如果你具有前述的兩項領導者條件，要成為一個領導者，可能沒有你想像的那麼複雜。

十年前，我曾經與克里斯共事過，那時他剛出任一個情況不太好、信譽很差的企業執行長。當時他來找我，因為他相信我跟他一樣，都有不懈怠的學習慾望，願意用新的方法解決老問題；都不信那種妄尊自大、自以為是的官僚作風，願意通過實踐增進個人智慧。從那時到現在，他一直是如此，沒有改變。正如這本書的書名所示，克里斯是我知道最突破傳統又成功的領導者之一，而這本書就是關於他一直以來如何工作的最佳寫照。

他是一位傑出的傾聽者，你可以從書中看出為什麼大家願意跟他共事。我常說他是一個海綿而不是石頭，就像所有成功領導者一樣，他對屬下的要求很嚴格、很嚴厲，但他也會讓你知道，領導最終還是「以人為本」，本書內容就顯示出，他作為一個領導者，表現出來的其實是溫暖及人性。

本書的每一頁都充滿思慮周到且實際的忠告，最重要的是，它們都已經通過驗證。這些內容並不是以自我為中心的個人成就，而是成為一個領導者會面臨的困難、失敗，以及必須做出艱難決定的忠實紀錄，再加上如何通過清楚明白的思考、工作來發展你自己的領導技巧，集中精力於行動，如此一來，你也能克服困難、走向成功。

領導就是努力不懈地學習。對於所有希望改善自己技能、效率，成為一位成功領導者的人，我毫不猶豫地向你推薦本書。不管你是誰；不管你在什麼組織內工作；不管你帶領的團隊有多大規模，本書都有你能參考的內容，祝你好運——相信我，等你花幾個小時讀完本書後，會發現成為好領導者真的沒有想像中困難。

（本文作者為英國前橄欖球聯盟球員和教練，曾在二〇〇三年帶領英格蘭橄欖球隊贏得世界盃冠軍）

〈專文推薦〉

成為「領導者」不是遙不可及的夢

陳秀峯

身為全國性婦女團體的理事長，常常在摸索如何使台灣婦女團體聯合會能夠本著「互通有無，互為網絡」的宗旨，扮演好「夢想、連結、行動」的平台角色，持續地發展性別友善的永續志業。

閱讀《領導就是帶人從起點到完成目標》後，有被增能（empowered）的感覺。克萊夫．伍華德爵士在推薦文的第一句就指出：「沒有人是天生的領導者。然而你卻可以學習並自我發展成為一個領導者，也可以訓練及教導別人成為領導者。」，並於書中提及因每個人都可以是任何層面的「領導者」，如果有更多的人能夠認知到我們都有成為領導者的機會，而且也都有信心去努力成為領導者，我們的生命、生活一定也會因此而更豐盛。此說法讓人覺得與「領導者」的距離拉近不少，成為「領導者」不是遙不可及的事情，甚至是只要肯努力，成為「領導者」不是夢。

書中提醒因應時代的變遷，在變化快速且人們都期待自己能發聲、能被聽見的環境中，成功的領導人更必須能有效傾聽，同時快速學習。在這樣的時代裡，作者闡述有關領導一個新而簡單的定義：「帶領團隊從一個地方到另一個地方」，並分為八章，有層次地、簡明扼要地提出有意成為領導者的人，在實際學習過程中所需面對之關鍵問題：你是個領導者嗎、領導至何處、如何達成目標、工作文化、能量與韌性、領導自己、領導變革。透過細讀，一方面瞭解「領導者」必備的要件，另一方面也檢視需要加強之處，既簡單卻也有些難度。

作者在第三章「如何到達目標：有決斷力」，強調「行動」的重要性，提出「領導者影響力＝（目標＋策略＋團隊＋價值觀＋動機）×（行動）」公式是衡量領導力的一個有效方法，沒有「行動」的配合，領導者影響力就會是零。在第八章「領導變革」中，將前述公式變成「變革＝（目標＋策略＋團隊＋價值觀＋動機）×（行動）2」，更凸顯出沒有「行動」，所有的理想都將成空談。

讀過《領導就是帶人從起點到完成目標》一書，著實獲益匪淺，從書中所舉的實例，更瞭解言簡意賅的文字之意涵，更理解怎麼做才能成為帶領團隊發展至成功的領導者。本書把領導統御簡單化、明朗化，回歸到最基本的狀態，讀者必定能在這個基本框架中建構起自己的領導哲學與風格。

（本文作者為台灣婦女團體全國聯合會理事長）

〈專文推薦〉

奮起吧，「尋常領導人」！

張文隆

這書精簡練達，滿是實務智慧，是一本有關提升領導力的工具書。英文書名是：《*No Bullsh*t Leadership*》，中文直譯是：沒有牛屎（不會瞎扯）的領導力；牛屎，是西方人慣用的粗俗語，近似台灣人常說的「狗屁」。作者是英國名人，怎麼可以公然套用粗話談領導力？故，Bullshit改成了Bullsh*t，但，仍讓它保有原味。

這世界每年出版有關領導力的書，光是美國一地，據報約兩千本；號稱地表最大書店的亞馬遜裡，如果你打上「領導力」來搜尋，它會即刻跳出五萬本。如果，在Google網站上搜尋「領導力書籍」，跳出來的則有一百五十二萬條目——這麼多領導力的書，怎麼讀？其中又有多少是瞎扯的狗屁或牛屎？史丹佛商研所名教授J. Pfeffer有感於太多領導人的失敗、脫軌、發毒，也寫了一本暢銷書：《*Leadership*

BS》，書名裡的ＢＳ是牛屎的縮寫，他也想加入爭奪這價值高達數十億美元的「領導力產業」市場。

領導力如此深受重視，當前各行各業的領導人表現又如何？世界經濟論壇（ＷＥＦ）近期曾對成員做過調查，調查報告指出：有八十六％的受訪成員認為當今世界存在著「領導力危機」——各行各業從政經到運動等等，都缺乏有能力的領導人。

領導人一定系出名校名族、天賦天生，是高高在上的精英嗎？本書著者竭力反對，並在本書中指出，未來更需要的是「Everyday Leader」，更因此而提出成套成熟的達標方法。「Everyday」意旨每日的、尋常的、平凡的，本書原文副標題正是：

為什麼這個世界需要更多的Everyday Leaders（尋常領導人），

而且，為什麼那個領導人就是你！

我想起了唐朝詩人劉禹錫的著名詩句：「舊時王謝堂前燕，飛入尋常百姓家」。現代領導人也不再是高高在上如凱撒大帝，現代與未來世界裡，各行各業各階層需要更多、更好的領導人；而你，就是那位極其被需要的「尋常領導人」。

本書闡述了「尋常領導人」的成就架構與內容，簡單扼要，可簡述如下六點：

一、首先，定義了「領導力」就是：帶領人們從「你身處的今日」到「你想要的未來」的一段旅程；其中，今日與未來的定義相對簡單，但中間的那段旅程則非常艱難——真的很艱難。

二、在那段艱難旅程中，你需要建立有效文化——文化（culture）這一詞在本書中共出現超過一百五十次！同時，本書也用了約二十％的大篇幅論述。

三、領導力的終極，終究是以人為本——然而大多數的機構，卻只像是擠滿了人的建築物！畢竟，文化與人才，才是關鍵；還有，你是人才的追隨者嗎？

四、在那段艱難旅程中，你需要精力充沛、需要毅力與韌性十足。

五、在那段艱難旅程中，你要能領導自己——別老想著管理別人；我們的領導人總是很少想到要認識自己、管理自己、領導自己！

六、在那段艱難旅程中，你要有能力領導變革；本書因此也臚列十個具體要項要你學習。

我樂於為本書作序。因為，在事業與人生後半段裡，我一直在數國幫助各行各業各階領導人，在他們各階段事業發展中運作當責（Accountability），以利在「那段艱難旅程中」更有效地提升執行力與領導力；同時，也為高管們開辦提升領導力的專題研討，因此深深體會No Bullsh*t、No Nonsense、BS的挑戰性與關鍵性。更重要的是，領導力不再專屬於昂貴校園與學位，也不再專屬於精英俱樂部；未來領導力是「尋常人」都需要的、都可擁有的。

奮起吧，「尋常領導人」！即日起研讀並演練這本書。

（本文作者為當責顧問公司總經理暨領導力教練）

〈專文推薦〉

建立「行動，修正，再繼續行動」文化的領導者

黃麗燕

我永遠記得剛當上外商董事總經理時的感受——那是在二〇〇四年，好像快樂不到三分鐘，隨之而來的就是龐大的壓力與憂慮。當時每天東奔西跑，跟客戶吃飯也從來沒吃飽過，都在專注地幫他們想怎麼提升業績。做了十五年的外商CEO，每一天我都在學習如何成為更好的領導者，怎麼設定目標、建立團隊；怎麼形成團隊的價值與共識，並且一起衝出成績。回首過來，我發現，沒有人天生就是領導者，領導是個動詞，我們可以「在行動中學領導」。

什麼是「在行動中學領導」？作者提出了領導力的公式，領導者影響力＝（目標＋策略＋團隊＋價值觀＋動機）×（行動），一旦沒有行動，乘上了零，什麼都是零，真是一語中的！

在集團中，我任命過各式各樣的領導者，有的領導者像是夢想家，高瞻遠矚，充滿熱情；有的領導者像是策略家，步步為營，又招招精準；也有的領導者像是啦啦隊長，融入團隊，同甘共苦……。領導者的風格有百百種，但都缺不了一個關鍵的能力——「行動」。沒有行動，夢想家就是幻想家，策略家變成分析師，啦啦隊長變成吉祥物；沒有行動，你的目標再清楚、策略再精準、團隊再扎實、價值觀再高尚、動機再強烈，一切都是零。

領導要付諸行動並不容易，這代表了你必須接受且戰且走的不確定性，並且在行動的當下，保持高度警覺，隨時因應局勢變化或成果來調整你的方案，考驗的是領導者對市場前瞻的嗅覺、彈性與決斷力。

當然這也不可能是領導者一個人就做得到的，所以我認為工作文化的建立是領導上更為艱鉅的課題。工作文化的根本是開放的領導心態和多元人才組成的多樣化組織，事實上，人性對於舒適圈的習慣是難以打破的，舒適圈是從「大腦」「行為」到「關係」都會帶給人一種「避免衝突感」的框架！同時慣性的組織文化也在無形中營造出風險分擔的安全感，於是沒有人有責任感，也不會有人想要創新和突破，更沒有人說真話！或者是說大家都在等著「領導者」來做結論（也就是負最後責任），根本就沒有前進的動力；書中所說的：大多數的公司只是擠滿人的建築物，就是這樣的感受吧！

如同作者所言，領導就是在兩點之間的一個旅程，執行才是王道，但更重要的是達成，甚至超越設定的目標，才是領導者真正該做的。領導者甚至必須擁有一些做了再說的「憨膽」。若非得要把每一個可能的問題看清了才行動；非得要想透了每步棋的方方面面才行動，那也不用行動了。因為一來等你想好，時機也過了；二來你越想，風險就越多，膽子就越小，更是動也不敢動。領導必須要在行動中體現，想做領導，也做了領導，就「如是」保持著膽量與初心，在充滿不確定的未來，帶著團隊穩定地前進、修正，並成長著……

（本文作者為李奧貝納集團執行長暨大中華區總裁）

〈專文推薦〉

解決問題沒有完美的方式，只有最適合自己的方式

趙智凡 Mark Ven

《領導就是帶人從起點到完成目標》這本書，如果你正在學習領導力，那這就是引領你與自己對話的一本書，它並非像一般提升領導力的書籍，教很多的方法與技巧，更多的是讓你用領導的角度，與自己對話。

作者更多想要表達的，是認知與建立心理素質，縱使你現在還不在領導的位置，也可以用書中的觀念，試著領導自己。直接切入重點，用文字讓你跟他溝通領導觀念，深入淺出地讓讀者體悟觀念。

作者從定義、首要目標、團隊文化的建立、領導者自身的課題、人才吸引與團隊建構，與最重要的身體力行與努力執行達成目標……等多面向一口氣與讀者分享。

我認為這是一本新手主管，或是已經擔任領導者一段時間的人，都很適合細心品嚐的書；而如果你期待自己未來能夠成為有領導力的人，可以試著用書中的觀念與自己對話。

領導者最重要的任務，就是帶領團隊往目標邁進

我自己在創辦公司的過程當中，也不停地去琢磨與培養領導力，創辦一家公司最重要的事情，就是能夠帶領著一群人，前往團隊的目標，其中我也邊培養很多主管，書中許多觀點都與我平日所說相輔。

作者一開始就定義對「領導」的認知，明確說明人人都可以變成領導者，但關注點在於你怎麼面對問題與困難，是一種價值觀的呈現。就如同我帶團隊時常說的：**「解決問題沒有完美的方式，只有最適合自己的方式」**，書中也將這觀念，用在領導之上。只要願意，我們都能成為領導者。

「領導的職責，就是協助團隊成員成功與成長，進而解決問題、達成目標。」是我在公司內部常跟夥伴說的，這是我的任務，用這個角度，讓團隊知道他們背後

有我的支持，而我也這樣培訓主管。當你擔當起領導的位子，明確定義要做的事、確立現況、定義目標、捲起袖子行動，激發團隊一同攻下目標，讓團隊知道他們有我的支持，這就是領導者唯一要做的事情。

領導力的關鍵在於「執行」

作者在書中有提到，「領導的關鍵是要完成任務，『執行』才是關鍵。」這點跟我的理念一模一樣，你有再多的策略與方法，沒有去行動與執行，都是沒有意義的，不要害怕做錯決定，領導必須學會在有限的資訊之下，做最適合的決定。

為了讓團隊能夠降低錯誤率，建立一套工作系統與清單確保大家的共識一致，快速迭代找尋方法，試著從失敗中修正，就是領導者的首要任務。當進攻目標的時候，最可怕的不是做錯決定，而是猶豫躊躇不做決定。作者在書中也提到：領導者影響力＝（目標＋策略＋團隊＋價值觀＋動機）×行動。如果行動＝0的話，乘號上方的要素就都沒意義了，更是精準表達這觀念。

創建一流環境，吸引適當人才

自從創業以來，我都定調自己要做好「創建文化」這件事情。創建好的文化環境，是領導者重要的任務，建立一個可以由團隊靈活做決定的文化，才能創造出有機的團隊，我也不停地提倡透過行動影響思維，透過有效的行動去改變思維上的固化，進而創造、改變文化。

領導者只有身體力行，才能吸引到強大的團隊人才支持你，人才只會跟著人才前進，所以領導者一定要學會不停地成長，吸引到人才，並建構出一套可以讓人才留駐且願意成長的環境，同時領導者也要像個盾牌一樣，給予人才可信任的環境讓團隊專心發展，時時告訴團隊：「我們」是一起的。

成功是透過一連串的平凡堆積而成

在創業的過程中，我或是任何一位領導者總會遇到很多挫折，所以你自己必須與自己對話，遇到困難與失敗，面對它、接受它、改進它。作者在書中也特別強調這一點，從我自己的經驗認為這十分重要，因為你要先能夠「領導自己不安的心」，這是一位領導者必須要學習的。

失敗在所難免，你如果無法坦然以對並站起身來繼續前行，就無法成功。沒有強大的韌性，就不可能有偉大成就。我總是會告訴自己，每天都要比昨天的自己好一點，要培養領導力，就必須透過不停的自我對話與成長，才能讓團隊信任你。

領導者需要善待自己

領導者很重要，就像一名船長，如果訂錯方向，就會造成整個團隊白忙，所以要學會與自己對話，以及讓自己的狀態保持良好。作者也提到，過程當中，你可能會自我懷疑，會自我懷疑是正常的，不要擔心自己的脆弱，因為領導者也是人，所以你要平衡好自己的方向。

還記得以前我剛帶團隊的時候，為了救火總會把自己身體搞得十分勞累，直到有一次，身體承受不住必須休息，當時的一位創業導師就跟我說：「當你成為領導者，確保你的狀態良好，是你最重要的任務，因為全團隊的人都會需要你。」這時我才驚覺，原來我失職了，領導者的身體不只屬於自己。

結語

在經歷了團隊成長與事業發展過程，才看到《領導就是帶人從起點到完成目標》這本書，體悟非常的深。如同作者所說，領導的關鍵在於你享受中間的過程，並帶領團隊享受達成目標的甜蜜果實，如果我在創業之初，可以看到這本書，相信對我的團隊與我個人的領導力，都會有很跳躍性的幫助，如果你正在學習或進修領導力，我相信靜下來花二至三小時拜讀，絕對對你有很多幫助。

（本文作者為EILIS埃立思科技執行長暨創辦人）

引言

我其實有點猶豫是否要把你我的時間浪費在另一本有關領導者的書籍上。然而，當今這個主題顯得格外重要。環顧這個世界，可以發現數以百萬計的人渴求著可幫助自己發展潛力的領導者，幾乎在每一個環境裡，我們都需要更好的領導者：政治、科學及商業領域；學校裡、醫院裡甚至監獄裡。那些偉大卻又常帶缺陷的領導者在哪裡呢？在這個時代裡，人們會通過某種共識來尋求領導者，荒謬的是，在日常生活中，看到的領導者大多是善於蠱惑人心者。

因為現在的領導者通常只尚空言，無法實際做出成果，再加上商學院、商業書籍的胡扯及政商界令人失望的表現，「領導者」一詞已經被貶低了。這種「領導者的廢話」現象造成兩種後果：一方面遏制了人們發揮潛力；另一方面使得人們失去認為自己也能成為領導者的信念。「領導者」一詞實際上已經迷失在字海之中，正在大聲呼救呢！

我們並非需要一個新名詞，而是要重新認識與了解「領導者」，使其清楚定義又含包容性。以前我們一直覺得領導者就是高高在上的人：政治人物和企業裡的執行長；將軍和億萬富翁，商學院和商業書刊都這麼告訴我們。這些確實都是重要人物，但數目實際上少之又少，只佔了人口的〇・〇〇〇一％吧，甚至連見到他們的機會都很少，更遑論成為其中一員了。

事實上，數以百萬計的我們都是領導者，不管你是管理一個病房、一個週末足球隊或一個三十人的新創公司，你就是個領導者。哈佛商學院也許不會把我們當做案例來研究，但任何一個能讓他人倚賴的人，就是個領導者。

這個複雜萬端又相互影響的社會充斥著上述領導者，如果有更多的人能認知到每個人都有成為領導者的機會，且也有信心努力成為領導者，我們的生命、生活也會因此更豐富。當然不是每個人都是領導者，也不是每個人都想成為領導者，但許多人確實想要滿足自己一生的野心、志向，夜裡擔心著自己的表現如何，煩惱著倚賴自己的人究竟是成功還失敗。這些人都是讓我們的社會得以運行的領導者，人數跟商學院研究案例比較起來，恐怕是一百萬比一吧！

我們不僅周圍充斥著領導者，過去習以為常的社會階層也已經消失了。傳統自上而下的管理方式已變得愈來愈沒效率，也愈來愈無關緊要，不管在自己的公司，或是身處的國家，都是如此。這種管理方式已不再有用，因為效率太低、無法做出高效反應、太過單面向，也限制了整個團隊的力量，尤有甚者，人們不再忍受傳統領導方式，他們現在期待自己能發聲、能被聽見。因此，不管哪一階層的領導者，都必須建立起鼓勵人們發聲的文化，而且要在他們發聲之後做出及時反應，並予以包容。唯有讓存在我們之中，成千上萬的領導者將潛在能量釋放出來，才能讓集體潛能有所成就。

我們的未來倚賴更多、更好的領導者，這些領導者存在於各行各業之中，也就是日常的、尋常的領導者。本書所寫的，就是這樣的人。

雖然有很多年的時間，我不自認為是領導者，也沒認清楚自己的角色，但在我大部分的職場生涯中，我一直是個領導者。起初帶領只有兩、三個人的小團隊，如今，我負責一個全球企業的運作，人數超過八千人，分布在共八十多間辦公室。我在大約十年前才開始擔任執行長，也是從那時開始思考究竟什麼才是領導能力，以及如何把領導工作做好。

當時我帶領的是一個死氣沉沉且正在走下坡的廣告公司——一個儘管有許多管理團隊接續努力不輟，卻堅拒改變的公司。我自己也曾是前述管理團隊成員之一，在那些失敗的歲月中，我看到的是聰明的團隊，在努力的工作及抱有良好的意圖，只不過這些要件雖然重要，卻還不夠。現在我的機會來了，但我不確定這個看似誘人的機會，是否到頭來會變成一杯苦酒，這個公司還有救嗎？擺在眼前的路不是很明確，我只知道自己下定決心要從過去錯誤中學習，同時絕不再犯。也就是在學習及避免犯錯的過程中，我開始有意識地學習如何領導。

本書並非有關領導的原理論述。你可以將此當作通過會議、對話，以及我個人經年累月把事情搞砸、規避做困難決定，甚至信任錯人而建立起的一本工作手冊。我並不是希望你不會失敗，偶而的失敗在所難免，接受失敗其實是一種解脫，而是希望你能夠衝破包圍在所謂「領導能力」四周的那些胡說八道，然後讓自己跟團隊能夠聚焦於最重要的事，如此一來，你獲得的成功很快就會超過失敗。

所以這本書是如何運作的？首先，我會告訴你我對領導者的看法，你可自行判斷自己是否是一位領導者，或者是否想成為一個領導者。如果是的話，我們就可以開始探討了。探討一個新而簡單的領導定義：帶領團隊從一個地方到另一個地方。因此，領導者的第一個工作就是同意並決定要把人們帶向何處，我會告訴你如何把人們帶去目的地；如何做出更迅速、更好的決定；另一件重要的事是，你必須重新建構自己對失敗的恐懼；一個領導者也必須有人追隨，我們再來探討如何把需要的人才組織起來圍繞在你身邊，以及把你們緊緊綁在一起的工作文化。當然，就算你把前述事項都做得很完美，還是有可能無法達到理想目標。我們也會探討在整個過程中維持團隊動能的重要性，以及如果你無法有效控制好自己，就不可能將團隊動能維持住。最後，我們會探討最困難的狀況：如何讓一個破敗不堪、走下坡的團隊起死回生。規則都很單純，困難的是付諸實施。

《領導就是帶人從起點到完成目標》一書內容正如封面所說，把領導簡單化、明朗化，回歸到最基本的狀態，讓讀者能在一個基本的框架中建構自己的領導哲學及風格。只要有需要，你可以隨意使用本書，在書上塗寫註記；在認為重要的地方折起頁角；把書頁撕下；從裡頭偷學撇步；改進你認為不夠好的內容；反對書中觀點；借出去再收回來。總之，好好利用它。

說到底，本書就是要告訴你如何完成一項工作，如果你像我一樣，就會沒時間再管那些胡說八道，你要直搗黃龍，不要胡扯廢話！

第 1 章 你是一個領導者嗎？

給猶豫不決者的簡短喊話

如果你的行動可以激勵他人勇於作夢、努力學習、用心工作以及積極成長，那麼你就是一位出色的領導者。

——美國知名鄉村音樂歌手 桃莉・巴頓（Dolly Parton）

我假設你是因為班機誤點，所以只好在機場書店翻閱本書以打發時間，或者已經打定主意要好好閱讀本書。不管哪一種——謝謝你。

在開始之前，我必須提出警告。如果你期待讀到長篇大論、支微末節或者複雜理論，那麼，你來錯地方了，因為這裡沒有，最好現在就趕緊把書闔上，免得等一下就來不及了。

就剛才提到的兩種情況來說，你都是有意識地拿起一本講領導的書，代表你至少是對領導起了一時的興趣或好奇，同時希望改進領導技巧。你們之中也許有人會自問是否能成為一個領導人，我希望是如此，因為你就是我們要找的人：任何一位沒有自我懷疑或是不想精進的人，應該不太可能想閱讀本書，而根據我的經驗，他們也不太可能成功。

翻閱本書時，你會發現我並不想對現今已連篇累牘的「領導模式」研究，添加任何內容。不僅因為浪費時間，更糟的是，我認為那些研究及論述反而會將特定的人或團體排除在領導階層之外。

其實，社會一直存在一個可悲的現象，就是基於許多既定理由，總認為某一類型的人就是比其他人更能成為領導者。這是一個很嚴肅、深刻、複雜的問題，並不在本書的討論範圍之內，但解決這個問題其實有道德和經濟上的重要性。當然，我們需要更好的領導者來協助我們解決前述問題，但不應該讓社會因素來混淆或攪亂，以為領導機會只保留給特定的人。

我無法用本書來改變社會，但可以協助創造出更好、更成功的領導者。因為

「領導」就像肌肉一樣，可以通過訓練發展出來。好消息是，根據我的實際經驗，這世界上並無「領導型」這回事，這就意味著，你也可能成為領導者——說真的，你可能已經是了，現在所要做的就是認清並抓住它。

一個領導者具有權威跟責任，反之尤其如是：如果沒有權威及責任，那麼不管職位、職稱為何，都根本不為領導者。

沒有人是天生的領導者，通往領導者的路途也不平坦。對許多人而言，那會是一個漫長的路程；對另一些人來說，恐怕還是情非所願。有時領導者會發現責任自天而降，他必須做出是否承接的決定，在歷史上，也從來不缺通過機運甚或厄運而不情不願成為領導者的故事。

尤有甚者，在我們的日常生活，萌芽中的領導者會面臨一個選擇：要不要承接權威。所有領導者都曾在不同時刻面臨這種抉擇，特別是當我們發現自己有了新的角色——例如，在社區會議上舉手發言時；同意擔任兒童足球隊教練時；或者職場上獲得晉升時。那可能是充滿複雜情緒的時刻：想要慶祝、歡欣鼓舞、惴惴不安或焦慮不已。不管你當時的感覺如何，都將面臨一個新的，且通常是重大的挑戰。

某些時候，晉升就意味著無可規避的領導地位。即使是極有信心的人，他們再不肯承認，這都代表著對個人的巨大挑戰，甚至也會引起強烈的自我懷疑。成功的領導者應避免這時才來思考挑戰和自我懷疑意味著什麼，或決定該怎麼應對。領導並非只是比較「大」的工作，而是完全不同的工作，思慮周全及嚴肅的領導者，在此刻應有意識地學習「如何領導」。

不管在哪個階段，領導者都應該準備好承擔責任。對於某些人來說，這是很自然的事，想都不用想，可是對另一些人來說卻不是如此。這並不代表哪部分的人更好或更「自然」，只是想法不同而已。事實上，我認為那些會依自身領導風格思考的人，是我們現在更需要的領導者。本書的設計，就是有意成為領導者的實際學習過程。

我們都可以成為領導者。也許不是每個人都有意願，但這並不影響是否足以成為領導者。我的前老闆理查・海納（Richard Hytner）寫了一本好書，有關公司裡第二號人物所能發揮的長遠影響，名為《參謀》（*Consiglieri*）。「參謀」雖然只是第二號人物，卻也是領導者的另一種呈現。換句話說，不管你在一個組織裡的位置如何，只要有人找你諮詢，你就是個領導者。

只要願意，我們都可以成為領導者，關鍵僅在於「如何去達成目標」。

不說廢話

第 1 章　你是一個領導者嗎？

← 任何一位受人倚靠的人，就是領導者。

← 我們的社會、商業機構以及社區都需要來自各行各業更多、更好的領導者。

← 自上而下，分層的領導已經不再有用：對於組織內的新人，要有新方法。

← 許多圍繞著領導主題的胡說八道，阻礙人們發揮潛能，不相信自己也有領導能力。

← 沒有人是天生的領導者，領導也沒有固定的模式。

← 只要願意，人人都可以成為領導者，接下來只是怎麼去實現而已。

第2章 領導至何處？

做事最有效的方法，就是去做。

——首位獨自飛越大西洋女性飛行員和女權運動者愛蜜莉亞・艾爾哈特（Amelia Earhart）。

領導很困難但不複雜

所謂領導，簡單來說就是帶領人從一個地方前往另個地方，我在下頁畫了一個圖表說明。

我並沒有花很長的時間成為一名領導者，其實也不應該花太多時間，不過其中確實有很嚴肅的重點，值得仔細說明：

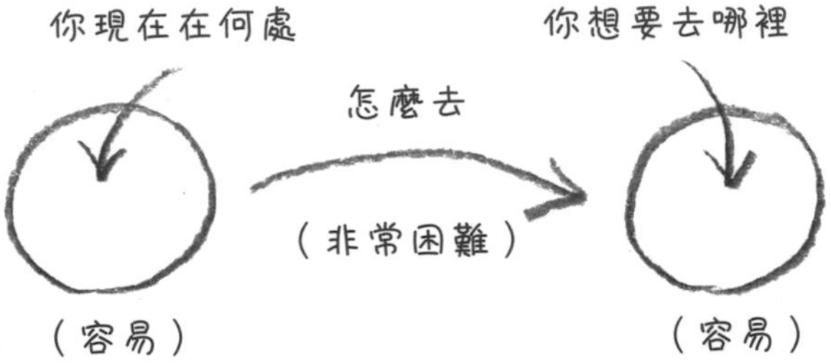
你現在在何處
你想要去哪裡
怎麼去
（非常困難）
（容易）
（容易）

所謂「領導」，就是如何引導、帶領一個團隊從目前所在、定義明確的起點，前往一個不同的、未來的、定義得很清楚的目的地。

很多人都寫過商業變革，在實際操作上，所有領導也都是關於改變。在定義上，領導不可能像《愛麗絲夢遊仙境》裡紅皇后對愛麗絲說：「妳會發現自己跑來跑去，終究還是留在原地。」領導不是維持現狀。

所以，要做一個領導者，首先你必須知道兩件事，而這也正好是許多有關領導的書最複雜且讓人卻步的部分。

第一步：定義出你的起點——簡單並誠實以對（儘管處境頗為痛苦）。

開始一段旅程的先決條件是要了解自己的起點。在實際操作上，這是個微不足道的問題，答案在本質上也不複雜。通常人們對於簡單明顯的答案較無信心，但請千萬不要有這樣的想法，我們都應該從簡單明瞭的地方起步，因為很多時候，事情本來就沒那麼複雜。

舉例來說，你可能從財務角度、評分、病患結果、人員異動或獲得的獎勵評估團隊的工作表現。許多服務業也愈來愈喜歡用「淨推薦值」對團隊做即時評估，通常是回答單一問題，譬如：你把組織推薦給朋友或同事的可能性有多高：分數從一至十。

一般來說（雖然也不是那麼一般），成功是相較於你面臨的競爭以及另外的第三者（例如常見的公部門績效競賽），結果由一些硬數值（肉眼可見及可計算的數值：考試成績、比賽獲勝或是銷售成績）及軟數值（非肉眼可見：例如調查結果或顧客滿意度）的總合來決定。

然而，前述的評估方式從來都無法涵蓋所有問題。你也許會發現有些顧客對服務不滿意，關鍵在於找出原因，你必須檢視並檢討組織內出了什麼問題，究竟組織的強項在哪裡？弱點又在哪裡？為達到目的，最容易的方法就是直接找第一線的負責人員談。以零售業來說，跟收銀員談話，就可以相當準確地察覺公司所面臨的挑戰，以及如何克服。許多商學院和理論派都推崇此方法，也寫了許多相關著作，如果你想進一步了解又有時間的話，不妨去讀一下，不過我在上面所寫的，已經大致涵蓋了——找出工作上與你對應的人，讓他們放心地說出心中所想（後面的章節會詳加敘述），然後真心傾聽。

另一個比較有效的做法，就是把跨單位的人找來開個圓桌會議，大家共同腦力激盪。英國廣播公司（ＢＢＣ）廣播一台曾是我的客戶，他們把這種會議稱作「披薩會議」（免費的餐點永遠受歡迎）。在規模較大、部門眾多的公司裡，不具名的線上調查是很快速又節省經費的作法（雖然面對面更有效果）。直接面對顧客的做法以及第一線工作人員的意見特別值得重視（例如收銀員、護士、老師、空服員以及客服中心職員），你會發現如果從下而上去看，所有組織或公司都有很大差異，重點在於找到那些負責每日運作的人，聽取他們根據自身經驗所提出的意見，這些人最好不是平常和你有許多互動或者直接向你提出報告的人。

別因為對問題下了簡單的定義，就認為解決方法也跟著變簡單，解決問題很少是容易的，我們會在後面的章節再談。

第二步：確認你的終點——盡量簡單化。

一旦確定了自己當前的處境，下一步就是要打破商業策略裡一個神聖不可侵犯的成規，也就是對於「願景」和「使命」的盲目迷戀。有大量的文字迷障圍繞在「願景」和「使命」四周，例如「宏偉、艱難和大膽的目標」（Big Hairy Audacious Goals，就是所謂的「BHAGs」），這些都是一般人認為的領導正統觀念。可是在現實中，相關的書籍、影片、演講和方法論，說穿了其實就是用不同的方式來問：「你想要去哪裡？」或者更簡單直接：「你的（領導）目標為何？」

如果說本書中有哪一部分是我希望你靜下來仔細思考的，就是這一部分。那些領導理論家也許不會同意，但我是個實踐者。我的論點是，我的方法更快、更容易，也更能讓人揮發自如。你靠自己就可以了，不需要花錢請諮詢師來幫忙。

「願景」的問題不在於它重不重要，而是很多時候，人們在追求成為領導者的過程中，把「定義願景」這件事變成了目的，陷入為願景尋找獨特性及說服力的虛無困境。然而實際狀況是，為團隊設定一個明確目標並非難事，你也不應該把它視為難事。現今教導人們提升領導能力的方法，基本上都圍繞著定義，有關公司「使命」和「願景」的理論、語言以及實現過程的推廣，幾乎都讓人認為那是領導任務中最複雜且重要的。

其實很久以前我也是那樣想。但現在我看清那些都只是胡扯，更糟的是，有關領導以及領導者的錯誤觀點與說法，嚇阻了想追求領導能力的人，讓他們連開始都不敢去想。

我在這裡要打破神聖不可侵犯的成規，從傳統的制約中掙脫，你只要照著做，就會發現自己進步得很快。

但怎麼做呢？

回到第二步的問題：我們想要去哪裡？

這一個問題就夠了。當然，你可以把答案想得很複雜，但我希望它愈簡單愈好。

英國在二〇一五年主辦世界盃橄欖球賽。英國的橄欖球聯合會是全世界最有錢的隊伍之一，球隊的財務非常寬裕，球員更是眾星雲集，可是球隊在第一輪比賽中就慘遭淘汰。那真是莫大的恥辱，也是橄欖球世界盃史上第一次主辦國隊伍在首輪就被淘汰。當時，球隊的教練團被開除，改由艾迪・瓊斯（Eddie Jones）出任新總教練，他當時就面對了我提出的兩個問題。

問題一：我們現在在何處？

答案一：現在的處境是屈辱、悲慘、支離破碎，一整個世代的球員因為這個職業生涯慘敗而傷痕累累。

當時的情況，再明顯不過了。

問題二：我們想要去哪裡？

艾迪的答案：我們想要贏二〇一九年在日本舉行的下一屆橄欖球世界盃，得到冠軍。

就這麼簡單。

其實他大可以胡扯些廢話，譬如發明一種新型態的橄欖球、「讓英國再次偉大」，或者談談文化、價值、青年等等那些運動隊伍和組織一天到晚誇誇其談的東西。但是他沒有。

我們想要贏下一屆世界盃：就這麼清楚，讓人能放下其他一切想法的簡單明瞭。

如何在兩點之間移動——這才是最困難的部分，也是領導真正的意義所在。

實際上，許多領導者根本就不曾開始領導的工作，他們企圖為上述兩個問題找到聰明睿智的答案，結果反而迷失其中。商業顧問就藉由幫領導者尋找複雜的答案而賺了大錢，他們認為，領導就只是關於定義使命的陳述而已。但並非如此。

這類努力基本上難有成果，因為「願景」在實際操作中往往無法執行，甚至複雜、困難到讓人難以了解，更別說是記住它們了。

如果你曾經這麼做過，或曾是其中的一分子，可以自問一下，成果如何？此外，花了這麼多的時間，究竟有什麼改變？在整個過程結束後，留下了什麼有意義的東西？如果你真的誠實以對，應該沒多少吧！

所以，為什麼還要堅持那麼做？

找出簡單的答案

這裡有個簡單的方法，就是找到你和團隊容易明白、上手的「比較簡單的答案」。很少公司有獨一無二的產品或服務，然而許多公司都企圖尋找獨一無二的方式來定義自己，最後想出一些拐彎抹角、裝腔作勢、不知所云的詞句。對於幾乎所有商業行為來說，目標都不是要獨一無二，而是把一般的事做得比競爭對手好，這才應該是目標。如果你的公司有獨一無二的地位或是有機會變得如此，那麼抓緊它；如果並非如此，就不要企圖去發明出來。

說到底，解決問題的答案必須出自你、你的團隊以及你身處的客觀環境。目標的等級可以從「具有激勵性」到「具有雄心壯志」。譬如說西南航空（Southwest Airline）雄心勃勃的「天空平民化」（democratize the skies）計畫，相較於不那麼具雄心壯志但更為實際的「贏得世界盃」，兩者並沒有優勝劣敗，你和團隊必須找到自己的答案。領導者固然有責任為整個公司設定目標（就像上面舉的兩個例子），但這些目標必須根據各部門、團隊的需求而定。我們也許想在公司內部銷售競爭中奪冠；運動團隊的目標也許是晉升更高一層的聯盟；學校可能想改善它在教育標準局（OFSTED）評比中的名次；慈善機構要加強其募款能力——或者，但願不是如此，只是希望大家都會更快樂、滿足。

這本書的目的並非提供解決方案，而是要鼓勵你堅守幾個簡單原則，確認所提出的答案有意義、分析後可行，並獲得團隊的共鳴，讓大家放手去做、促成進步，而不是無人聞問被棄置一旁，或表面上看起來不錯，但實際上卻阻礙發展。

關於清楚、簡單又可行的目標，有一個很好的例子：教學目標——目前在許多教學領域中都屬於標準程序。教學目標可以訂定出整套課程（並拆解成可實施的步驟）或單一課程。舉例來說，教學目標可以是「為組織創造社會媒介、市場策略」或「為老年病患設計最適合維護健康的運動計畫」。

教育資源網站（theschoolrun.com）就建議美國所有小學課程都根據教學目標來編訂，並把教學目標定義為「老師希望學生在課程結束後學到或達成什麼？」並縮寫成孩子更能理解的「WALT」（We Are Learning Today），在課程開始時就在黑板上大字寫明。這個教學目標指出了方向，也很容易領悟，讓教師依此設計出可供學生討論的題目，也向孩子解釋為什麼要他們做那些練習。因此，目標定義應該要明確（雖然未必容易）、有「可測度」，且所有人都能了解。「可測度」讓師生都能記錄進步的情況，例如課程目標可以是「能將兩個兩位數相乘」或「能描述一個故事背景」。

如果發現自己的團隊很難帶領，不妨想像一下帶領一群淘氣的八歲孩子。有效的教學目標讓師生有討論問題的空間，探索某個主題時不會迷失最終目標。我相信，所有的領導者都有相似之處。

訂目標並不容易，要訂得好也有難度。然而，不要讓自己把這想成是件困難的事，因為跟下一階段的「實踐」比起來，還真沒那麼困難。再回到教學目標的例子，我知道設計整套課程很難，但要在課堂上完整呈現出來，那才是真正可怕。

如同先前所說，你得確定答案很簡單、實際、易懂，且必須是你和團隊時時遵循的標準，對你做出決定有所助益，明確顯示何者優先，何者應放棄，同時清楚自己是否正逐漸實現雄心壯志。偉大、可共同追求的目標，都能成為團隊放手去做的理由，也能產生加油打氣作用，更能讓你們順利完成任務。最好的做法是分階段實踐、探索、學習或者投資。當然，也要能在事情進行得不如預期時，回頭找出問題之所在。

舉例而言，也許你只說：「我們要成為最好。」這恐怕會形成兩極反應。我曾經在部落格中寫過此主題，結果讀者分成兩派，一派對這個目標的坦白直率、不加修飾表示訝異，另一派則為其簡單明瞭而大聲叫好。不管你對這個目標有什麼想法，它都符合我的標準：容易記住、有競爭力並能鼓勵人們採取變革性的解決方案，如果最終達成目標，你就贏了。對我來說，這就是個大膽有效的目標，許多人不敢採取大膽的做法，也許是躲在花言巧語後面比較省力。

你可能決心成為最大的、最小的、最快的、最機敏的，或是提供最好的客戶服務。你可以把注意力集中在員工或客戶的體驗上面；公司的世界排名；或者你以潮流為導向，做出中、長期計畫。最重要的是，聚焦於對你、你的團隊以及你的公司有用的做法。很多時候，領導者會掉入一個陷阱：他們認為有責任去做某些事，其實只要聚焦於應該做的事，才會最有效率、最快達成目標，很多領導者都在這個節骨眼上走岔。

政治人物也許會想：「我們要如何贏得這一仗？」但將軍會看到一連串的戰鬥，每一場都有不同的挑戰及目標，因此需要不同的戰略、戰術。政治人物和將軍都要有領導能力、目標及行動來完成任務，但他們必須採取非常不同的方法並妥善配置時間。領導者也必須思考他們在更大計畫中的位置，根據這個位置設定目標、戰略及戰術。

如果你的運作並非獨一無二（幾乎都是這樣），你的目標就得「勝出」，而定義終點目標的方法、形式以及準則有無數種，關鍵在於，無論你的答案是什麼，永遠找「最簡單的」。

做到最好

讓我們先回到「最好」這個詞。

我喜歡這個詞。

理由有二：首先，我喜歡它的野心。要做到非常困難，但如果你是領導者，這就是你的工作；其次，它會迫使你採用革命而非漸進式的方法。如果目標是「比較好」，就只會「逐漸」改變；如果目標是「最好」，就會迫使你快速、劇烈地改變。

有關「願景」及「使命」的說明通常會避免使用與「最好」相似的詞，因為定義上似乎太簡單，又讓人不敢全心全力去實踐；看起來不那麼充滿智慧，可是又設下高標準。是的，很嚇人，但這正是我喜歡的原因。

我也常聽到另一種批評，就是必須先定義何謂最好、最大、最快……。回到這階段的任務，領導者要做的是確定方向及野心，如果你設定團隊必須挑戰在組織中成為最好，當你們接近目標時（例如進入前三名），就應該進一步調整原先方向與野心，與此同時，繼續向前精進。

不說廢話

第2章　領導至何處？

領導很困難但並不複雜。

所謂「領導」，就是如何帶領團隊從目前所在、定義明確的起點，前往一個不同的、未來的、簡單明瞭的目標。←

第一步：找出起點。維持簡單並誠實以對（儘管處境頗為痛苦）。←

第二步：定義終點。別尋找看似有智慧或複雜的答案，但仍勇於展現你的雄心壯志。←

領導，就是這兩點之間的旅程。←

第3章 如何到達目標：有決斷力

採取行動但可能犯上致命錯誤，或者什麼都不做慢慢等死，究竟哪一樣比較好呢？

——《愛情地圖》（*The Map of Love*）作者阿黛芙·索伊夫（Ahdaf Soueif）

現在，要開始觸及實質問題了。評估過現況及目的，接下來也是最重要的：領導者的明確工作——帶領他的團隊開始兩點之間的旅程。

如何到達彼岸？

這好像是件很顯而易見的事，說穿了也就是「你的策略是什麼？」的另一種問法。策略是描述如何由起點A到終點B，策略不像許多人所說的困難（這些人通常是既得利益者）。本書並非商業策略書，而是一本關於領導，以及領導者在前述旅程中所扮演角色的書。

對於領導者而言，最大的挑戰及最艱鉅的工作並不在於「策略」，而在於「執行」，簡單地說，「策略」是對路線的說明，「執行」則是著手並實際去做。就如同商業策略之父彼得・杜拉克（Peter Drucker）所說：「所有的策略最終都歸於行動、工作。」換句話說，領導者的角色就是「完成任務」。

「完成任務」才是真正困難的部分。

「完成任務」能對企業，甚至個人職業生涯帶來改變的能量。對經常去健身房的人而言，完成任務就如同複合式舉重，它挑戰你的體力、情緒、經驗、機智，這不是遊戲的一部分而是遊戲本身。它同時也是所有管理工作中最不誘人、最呆板的部分，卻是好領導者不可或缺的要件。你如果沒有完成任務的本事，就不可能成為真正的領導者。

有一次，我跟一名獵頭，在她位於倫敦高檔地段的梅費爾區（Mayfair）辦公室面談，她要我描述一下自己的能力。我是個情緒壓抑的北方人（《冰與火之歌：權力遊戲》（*Game of Throne*）電視劇讓大家對情緒壓抑的北方人產生了興趣），我嘗試迴避這類問題，但她當場提出，我只好想了一下回答道：「我的強項就是『完成任務』。」緊接著是一陣難堪的沉默，連壁爐台上時鐘的滴答聲都聽得見，她看了我一會，然後在面前的記事本上寫了一些我看不見的東西。我對她說：「妳應該不太喜歡我的答案吧？」會面很快就結束了，她後來也沒有再跟我聯絡。

這聽起來也許平淡無奇，但對於領導者來說，沒有任何東西比「成果」更令人興奮，而想要有成果，就必須先有「行動」。

許多領導者之所以失敗，就是因為沒有「完成任務」的能力，失敗是過度思考及採取過度複雜行動的結果。目前為止描繪出的步驟是：簡單、誠實地評估當前處境，同時明確定義出清楚易懂的未來目標。

未來目標應該是有野心的，追求變革且闡述清楚所有關係人（例如公司的員工或客戶）的利益。從起點到終點之間採取的行動可能十分巨大、駭人、難於跨越，要有冒險精神，但應該不難釐清。策略太常用來混淆執行上的困難，或當作萬靈丹來證明領導者確實提出可讓大家思索的好主意，甚至當作最終結果。可是，策略從來就不是結果，只是達到成果的方法。

問問你自己吧！是否經常製作策略文件（例如簡報），然後丟在一旁沒有行動，最後就忘了？是否常收到別人傳來的策略文件？電腦及電郵中是否還存有很多這樣的資料，成了策略的墳場？

現在該告訴自己，以後別再這樣做了。

誠實的領導者首先要果決面對棘手問題：說出怎麼完成，並根據前英國首相邱吉爾（Winston Churchill）的指導原則：「今天就行動。」（Action this day，邱吉爾十分喜歡這個格言，還做成貼紙送人，省下手寫的時間。）

真正的領導者只有一個理由能運用策略：告訴自己及周遭的人，他和他們從A點到B點的旅程要做什麼，然後一起窮盡全力去執行。

領導是兩點之間的旅程，「執行」是王道

我在廣告界工作，許多年來，我認為客戶付錢就是要我們想出點子解決他們的

問題，許多生意也都是基於類似的原則（不管他們願不願意承認）。有一天，我發現我錯了，客戶其實並不是付錢讓我們提出點子，這是容易的事，我們一天到晚都能有點子，但點子並不值錢，瞬間就蒸發不見了。真正困難的事在於選出一個偉大的點子，然後付諸行動並且具體實現。在廣告界來說，唯有如此，客戶才願意付款，產品才會銷售。

點子只有在執行之後才足以證明其偉大，而且要執行得很漂亮。好的執行技巧可以讓好的點子變成更好。我曾經跟一位非常有才能的創意主管共事，當時我們接到一個很特別的案子，他的點子是把廣告投射到月球上，且沉醉於這個偉大的構想。那麼，這算不算很棒的解決方案呢？我可以充滿信心地說，這確實是一個很棒的點子，問題是，我們根本不可能執行，最後花了數月的時間，才說服他承認這是件不可能的任務。因此，這根本只是個一無是處的構想，還妨礙我們及時找出更好的。

舉例來說，你曾想過寫一本書嗎？我相信你有想過，而且可能此刻還在想，你的腦袋裡閃過幾個構想，但有真正寫下什麼嗎？你是否曾企圖說服他人付錢閱讀你寫的東西？有寫書的想法跟真正寫出一本書，或有拍電影的想法跟真正拍出一部電影，這之間的差距，就是偉大的執行力發揮的空間。當美國真人秀電視節目《老大哥》（*Big Brother*）在二〇〇〇年造成轟動，或《超級大富翁》（*Who Wants To Be A Millionaire?*）開始播放，有人宣稱是出自他們構想，但他們有跟別人討論過嗎？沒錯，也許他們確實有類似的構想，可惜並沒有著手去做，不是嗎？「臉書」（Facebook）不是唯一的社交媒體，我們都還隱約記得「無名小站」「奇摩家族」，及更多快速陣亡的網站。為什麼臉書可以成功？靠的就是精彩、傑出的執行。

我在職涯中，愈來愈著迷於執行的力量與技巧，我們身邊的每一件事，甚至在某些被認為無從選擇的領域，例如醫學，都要從起初混雜的目標、想法及樣本為起點，最後產生出眾（或是在眾多選項中做出選擇）的產品或服務。造成轉變的就是「執行」，優秀的執行需要有強烈的意志、不變的膽量、豐沛的自信以及技巧。

領導者的任務就是接收想法並且予以執行，傑出的領導者可以做到出色的執行，如果你辦得到，那你就是傑出的領導者。至於領導者的其他工作就算再不容易，跟執行比較起來，還是容易多了。

領導是「完成任務」的藝術

大多數領導者花了太多時間在空泛的言詞上，且迴避採取行動。這就是領導最終失敗的原因。

這個觀察並無特殊之處，但我認為值得探討。就像沒有人會認為自己是糟糕的駕駛，也沒有領導者會承認自己欠缺採取行動的能力。這裡再次強調——領導者最重要的工作就是帶領並鼓勵下屬完成任務。

我們先前已經確認：

所謂「領導」，就是如何引導、帶領一個團隊從目前所在、定義明確的起點，前往一個不同的、未來的、定義得很清楚的目的地。

通常這個進程相當難察覺，會遇到不可避免的困難，即使有動機並想專心完成任務的團隊也可能迷失，這就是領導者面臨的危機。這時，好的領導者要暫時轉移自己跟團隊對當前攻頂的注意力，雖然已非常努力，但目標還是顯得遙不可及，領導者應該停下來，鼓勵大家回望，看看已經爬了多高，你會很吃驚地發現原來在短時間裡，其實已經爬了很高——雖然終點還是遙遠。

事實上，只有堅決、專注地帶領團隊完成任務，才有可能快速前進。當然領導不只這樣而已，但如果少了這項，就什麼都不是了。

正是因為道理太淺顯，反而讓人覺得不止如此，「領導學應該複雜多了吧？」「領導的奧秘究竟在哪裡？」我對所謂的「奧祕」並無所長，只是想幫助你的團隊從A點去到B點，要做到這一點，你必須要求自己去「完成任務」。

領導者影響力（包含一點數學）

衡量領導力的有效方法：

領導者影響力＝（目標＋策略＋團隊＋價值觀＋動機）×行動

右邊這個方程式裡，括弧內都是領導書籍常提到的要素，本書也討論了不少。目標、策略、團隊、價值觀、動機都很重要，但此方程式的重點在於，如果少了「行動」，就不可能前進，換個方式說，即使計畫得不夠完美，只要有足夠的行動，仍然可以造成很大的不同。準備好筆記，接下來要開始說明了。

領導者要有本事在上頁方程式乘號的兩邊求取平衡，但更重要的是，他必須認知到，如果沒有行動，括號中的要素都是枉然。

這不是很科學的說法，卻清楚指出重點：沒有行動（行動＝0），就算有完整的策略、團隊訓練、清晰的目標以及電子數據表，你身為領導者的能力就是零，因為任何數值乘以零都是零。

從另一個角度來說，即使在各方面做得不完善，但只要有決斷力且專注於行動，就能產生動力、造成改變。這之所以重要，可以分兩方面來說。首先，我們偏向通過行動成果來檢視領導者，並決定該如何運用自己的時間；其次，讓我們不過於執著計畫是否精準，計較自己及團隊的弱點。團隊的缺點也會因注重行動而減弱。

至於傳統的領導者，他們鼓勵的卻與上述內容相反。從商業顧問、研討會到簡報，都屬於方程式乘號的上方，太多領導者花時間在這上面，許多顧問也含糊搪塞，表面上似乎在忙有用的事，實際上卻從未離開這個括號。領導力方程式顯示，括號中的事項固然重要，但沒有行動配合，它們就一無是處：領導者影響力＝0。

領導者的每日例行工作以及主要的目標就是「創造行動」，如果你能創造出行動，就會有領導者影響力。

世界上有很多事無法預測，但我們永遠可以期待不完美卻有智慧的進展，你應該把這當作主要目的。

根據我的觀察，許多領導者忙於投入那些「看似重要」的活動，自以為在做很重要的事（通常是括號中的事），好免於做真正困難且讓人畏懼的事：採取行動。

現在，讓我們再回到方程式：

領導者影響力＝（目標＋策略＋團隊＋價值觀＋動機）×行動

過度強調括號中的要素卻忽略了下方的「行動」，就是許多領導者失敗的原因。他們並不是因為欠缺聰明才智、工作文化和才能導致失敗，而是花了太多時間在「傳統領導觀念」要他們去做的事情上，卻沒做應該做的事。他們失敗是因為忽略了「行動」，以致降低了作為領導者的影響力；他們相信領導是「策略」「靈感」「願景」，然而「領導」其實是領導者所能產生的「影響力」。

如果你在從A點到B點之間的路途上，好好完成一路上的任務，你就是在領導。接下來要解釋如何做得更好，請記住：領導是「完成任務」的藝術。

做決定意味著控制局面

一九九三年，路・葛斯納（Louis Gerstner）在IBM陷入困境之際接掌公司，他當時因說了「公司最不需要的就是所謂的『策略』」而被商業媒體猛烈抨擊。我們可以進一步檢視，其實他當時說的並不是「完全不需要策略」而是「不需要更多的策略」。也就是說，當時公司的問題不在於沒能力發展出好策略，而是沒人願意選一個執行，所以應當少說多做。葛斯納於是阻止大家放言高論，要求所有人捲起袖子幹活，終於成功重啟「藍色巨人」（Big Blue，該公司的暱稱）。葛斯納以行動代替空言的做法給我們上了一課。

一般來說，獨一無二的策略或想法很少見，許多策略都能聰明、有效率、有效果地執行，反之，如果沒有勇氣和能力去執行，再好的策略也只是廢話。

現在，產業都希望領導者在執行前能先確定構想，並努力降低執行過程的風險，只不過，世界上所有研究都無法免除領導者為成功完成計畫而必須承擔的風險，事實上，為了減少風險，往往我們只能得到平庸的領導。

你是否曾回顧計畫的進行，赫然發現結果與預期的有所差距？是策略本身出錯，抑或欠缺實踐策略的勇氣與技巧？事情只有在實際執行時才會變得困難。準備簡報時，是不可能失敗的（至少不容易失敗），一旦開始執行，就會發現每一步都可能踩到地雷，失敗幾乎就在眼前，這是執行的真實情況，但許多組織及工作訓練都沒有認真了解及減輕挑戰。重複「不要怕失敗」的陳腔濫調並不是難事，但真相是如此嗎？傑出執行需要智慧、團隊、能量以及不屈不撓的精神，最重要的是，還需要能高效做出決定的工作文化，且由上往下領導。

「做決定」是活絡策略的核心，所有領導者和想成為領導者的人都認為自己擅長做出決斷，但根據經驗，許多領導者不善於做決定。要成為成功的領導者，不管是跨國公司主管或週日運動聯隊的領隊，你都必須把高效做決定視為優先事項，同時將它融入自己的生活及工作文化之中。

你必須自己做出決定，這件事他人無法幫忙，得倚賴自己及團隊經驗做出有智慧的判斷。你能做的就是建立一個有信心、有能力做出決定的團隊。

決定「做出決定」

這件事顯而易見，卻是最重要的一步。你必須告訴自己，「做決定」在所有該做事情裡排在第一順位，就是那麼清楚明白。畢竟，每個人時時刻刻都在做決定，問題在於：你是否做了正確的決定？你在重要、緊急的決定之間，在思考、行動之間是否達到平衡？你周邊的人是否認同你是有決斷力的人？有效率的團隊必須相信

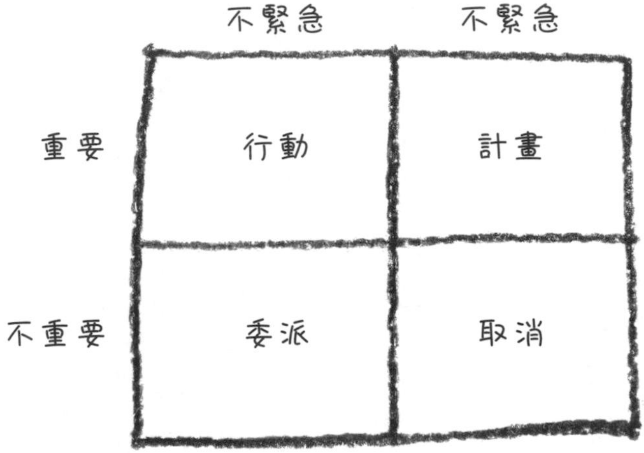

他們有能高效做決定的領導者。你能否確認，每一個決定都盡可能向下延伸觸及所有人員？這其實不算是科學，而是一種藝術，但對於自主靈活的工作文化，是很重要的一環。

說了很多，你應該也注意到，這一切事情無關對錯。儘管組織中常有關於「做決定」的胡說八道，甚至很多人因決策成果感到懊惱，卻也不是拿來論斷你判斷事情對錯的可靠標準。關鍵的問題是：我們是否更接近（或者更遠離）我們的目標？我要說的是，你能犯的最大錯誤就是：根本沒有做出決定。

有一個簡便的工具能幫助你提升做決定的能力，並鼓勵你的團隊就「做決定」進行討論，這個工具是「艾森豪矩陣」（Eisenhower

Matrix，又稱為「優先矩陣」，一種工作分類的概念），參見右頁圖形。

「拖延」是做決定的大忌，那些會拖延的人，通常浪費時間在矩陣中央水平線以下、應該被忽略的兩個動作，也就是「委派」跟「取消」。有效率的領導者應該要好好運用圖形中的四個動作，並將主要時間花在中央水平線以上的「行動」和「計畫」。

很多人認為「做決定」是件理所當然的事，也常做出思慮不周、未經充分討論的糟糕決定。領導者的主要工作就是確認團隊知道「高效做決定」是共同希望創造的工作文化之一，並堅定列為必做事項。

忠於「40／70法則」

只有愚蠢或不負責任的人，才會在面對重大決定時顯得毫不在乎；領導者不僅要清楚自己隨時可能被淘汰，也要知道自己在團隊中肩負的責任。而就我的經驗而言，大多數領導者都有很強的責任感。

夠清楚明白或是無足輕重的決定，都很容易去實踐。只不過大部分決定都有可評估的成果，也不是那麼地簡單明瞭，因此負責任且了解狀況的領導者，在面對成敗機率各半時，通常會不知所措，若對立雙方皆出於良善，並堅持各敘己見時，會使情況益形複雜（常見於指出「失誤的危險」時）。

所以，前美國國務卿克林．鮑威爾（Colin Power）的「40／70法則」就特別值得一提：

如果你獲得的資訊只有低於四十％的成功機率，不要採取行動。但如果等到有超過七十％的成功機率，你又等太久了。

他告訴我們，「不要倉促行事，但也不要等太久」。可以從另一個角度來解讀：寧願冒犯錯的風險盡速採取行動，也不要等太久而注定做錯。鮑威爾其實在告訴領導者「接受犯錯的可能」，換句話說，儘管去做就是了。

重新建構「做決定」

在你和團隊畏懼做決定及想改變對做決定的認知時，這其實是最輕鬆的方法。領導者要有能力重新建構團隊行為及工作文化，讓團隊不會擔心「做錯決定」，而是擔心自己「不敢做出決定」。精明、執行導向的領導者，應該擔心自己缺乏做決定的決心，而不是擔心有些決定可能是錯的。這個乍聽有點輕鬆的說法，在我的心目中卻是無庸置疑的真理。

首先，任何工作文化如果是畏懼犯錯而非迅速採取行動，最後都會變得遲緩、平庸、無法獨立行事；其次，也注定是徒勞無功，每個人和團隊都會把事情搞砸，就算事後也很難斷定「對」與「錯」只是一連串互相交錯出現的不同選項。接受錯誤乃不可避免，接受不確定是常態，這是你和團隊應有的態度。我們可以用一個句子來自勉：即使有所畏懼，還是應該不顧一切去做。

實際上，你一旦開始行動，畏懼感很快就會消退，一切都會變得尋常。只有勇往直前，才能讓團隊充滿信心，相反的，猶疑不決、行動遲緩會摧毀信心。引述一位唱片公司行政主管朋友說過的話（在他工作忙完，喝了一、兩罐啤酒之後）：「最糟的情況就是碰到無法做出決定的老闆。」他在糟糕的經驗後吐露心聲，其實我們也或多或少經歷過，能體會他的痛苦。

領導者及團隊若在做決定時感到焦慮及無力，應該轉念成：不要擔心可能做出錯誤決定，而要擔心是否做了太少決定。為了達到此目的，就必須接受「難免錯誤」的事實，同時體認最糟糕的錯誤就是不能盡快做出決定，這才是領導者應達到的境界。如果有超過五十%的成功機率，當然對你有利，但若決定做得太慢、太少，失敗就在所難免了。

接受「難免犯錯」的事實

說到底，如何做決定的答案歸納於「工作文化」，我們會在第四章予以詳述。好的工作文化可以提供最佳的表現環境，想要有最佳表現，工作者必須能夠迅速做出決定，且不畏懼造成的負面影響。他們不僅要能盡快振作，還應該在同僚及主管的支持下做出最佳判斷。這種工作文化最突出之處，通常不會體現在萬事順遂之際，而是在有麻煩的時候，就是你身為領導者的真正考驗。當麻煩出現時，你是否能堅守團隊的工作文化原則？

從美國海軍航空母艦的例子來說明如何利用逆境加強有效決定：航空母艦的飛行甲板大約四英畝大，可說是世界上最複雜、值錢、有制度化也最嚴密規範的四英畝空間。在這個極度危險，也要求高效能工作的甲板上，團隊工作文化以及行為表現高於其他一切。

為了安全起見，航空母艦上的每一件設備都有編號，只有在當事人簽收之後才能被帶上甲板，就算是一件最小的工具、零件，如果遺失了，都有可能造成人員受傷甚至致命的後果，危及母艦以及整個艦隊。

一位在航空母艦上服役的工程官曾提到他在日常維修時誤置小物件的事故。在搜尋了幾個小時後，他不得不向上級做出報告，為了整體安全，全船下令停止運作二十四小時。對航空母艦的操作而言，這是一個極為耗費金錢，且可能引致危險的狀況。

這位工程官預期自己將受到懲處，甚至被開除。結果第二天的發展卻大出他意料之外，艦長在每日例行談話時把發生的事情交代之後，大大地誇獎了工程官的做法。

這件事傳達一個明顯訊息，那位艦長理解「誠實公開」的工作文化，才是艦隊運作上最重要的事，而不是工程官所犯下的錯誤。如果艦長當時採取另一種處理態度，並無助於降低類似錯誤再度發生的機率，而這種錯誤勢必會為艦隊帶來危險。

這個故事重新詮釋了一句老生常談，那就是「不要怕犯錯」。這句話可能會被解讀為「犯錯是無所謂的行為」，但在現實的生活裡，犯錯（如前述例子）可能有很嚴重的後果，我們應該認清，這件事與建立工作文化有關，承認錯誤有時確實無可避免，關鍵在於你跟團隊能夠多迅速有效地對錯誤做出反應，並從中汲取教訓。以前述例子來說，艦長和工程官對事情的處置，把一個有潛在致命威脅的錯誤，成功地變成對工作表現及工作誠信文化有強化作用的好事。

我們都有可能做錯事情，這也凸顯領導者如何反應是件重要的事。那位艦長明白並非做簡報時使用的言語，而是自己的行為表現，才是建立團隊工作文化的關鍵，通過對工程官的讚揚，他已使該艘航空母艦的日常操作變得更為安全。

用清單防止不必要錯誤並改善工作表現

壓力跟焦慮會給人帶來意想不到的後果。我們都經歷過大腦失靈，無法正常思考，行動變得遲緩，許多人應該都有過這種狀況。雖然過去的經驗可能對我們有所幫助，但有時也沒什麼作用。

影響歐巴馬醫改政策的關鍵人物，也是前外科醫生阿圖・葛文德（Atul Gawande）提出一個概念，對於領導者而言是最佳的問題解決方案，他建議寫下工作清單，或更精確地說，寫下可比對、檢視進度的清單。

葛文德發現，無論是手術室、建築工地、駕駛艙、餐廳廚房，如果我們能夠列出清楚明瞭的工作清單，然後謹慎地去執行，就可以大大改善工作表現，即使只是要做出一個簡單的舒芙蕾。通常清單中包括例行的工作訊息，舉例來說，他在一個高級餐廳廚房裡發現牆上貼著「遵照食譜」的指令。還有一個更嚴肅的例子，他在參與世界衛生組織（WHO）一項全球研究計畫時，發現只要一張簡單的手術前後工作清單，就可以減少三十六%的手術併發症，死亡率更是減少了四十七%。重要的是，這個清單並沒有告訴團隊如何做好工作，只是提醒了他們合乎標準的最佳做法。如果團隊工作關乎他人生死，那麼列清單就非常有幫助。

清單共有四個好處：

1. 在可複製的情況下，建立放諸四海皆準的最佳做法。舉例來說，對客戶提出看法的方式，或為運動校隊準備防止運動傷害的熱身課程，讓運動員可以專注於實際訓練等更困難的事。
2. 讓新的成員更易於融入團隊。
3. 在高度緊張、壓力的情況下，減少團隊必須做決定的次數。根據清單行事，還可以確保因壓力帶來的失焦想法不會讓執行受到阻礙。
4. 通過大家都同意的工作模式讓團隊成員間的關係更加緊密，讓成員視彼此如「圖騰」一般團結在一起做事（參見第四章）。

此外，由於清單提供了一致的工作表現基準，因此在標準未能被遵守時，團隊的每一個成員都有機會指出並受到他人尊重，特別在上下階層分明的傳統工作環境，如醫院手術室中，這一點又特別重要，當然也可以應用在其他場域。

好消息是清單準備起來並不困難。事實上，葛文德發現在多數情況下，最困難的反而是讓那些資深、已建立自我工作模式的專業人員，接受工作清單是有用的工具，他們必須超越自我並放棄過度堅持。

以下是如何建立工作清單的一個「清單」：

1. 團隊應該自己動手列出清單。
2. 清單項目最多不超過九項。以運動校隊為例，清單應該讓運動員離開更衣室後，在場上圍成一圈時能複誦並遵照執行。
3. 清單上的字眼應該簡潔、精確，在一頁篇幅中完整呈現。

清單能將團隊工作可複製的部分「自動規則化」，省去重複做決定，這樣有雙重好處，一方面能提升工作標準，另一方面可以讓團隊成員在需要做出明智決定時，專注於更重要的事。

有效率的會議產生有效率的決定

就在我寫這本書時，這個時代的偉大企業家伊隆・馬斯克（Elon Musk）剛好提及「中階管理會議」的專制。他建議，認為這類會議毫無價值的公司員工應該直接走出會議室。各類型公司的職員恐怕都認知到這確實是個問題：這類會議數量過多且開會時間過長，通常會延遲，又經常超時，欠缺有效的領導及實用性，讓人無法理解為什麼要開會，會議又能決定什麼？

雖然我對公司職員必須面對這類會議寄予同情，卻也無法確認馬斯克的建議對多數公司的領導者而言是可行的。一般來說，會議是免不了的，就事論事，流暢的會議不但極具價值，也是一件讓人愉快的事。因此，真正的解決方案是將會議控制得宜，重點放在行動上，團隊也都遵守此原則（參見第五章）。好的會議也是決定「如何做決定」的好機會。

想像一下，如果每一場會議都根據原則，專注於做出決定。儘管這個場景難以想像，但在實際操作上並不困難，有效率的領導者就有能力主持有效率的會議，以下是具體做法：

準時開始

堅持所有參加人員都必須準時，不遵守時間就意味著拖拉的工作文化。

準時結束

一般的會議長度沒必要超過一小時，多數人坐著頂多專注九十分鐘。如果會議預計超過九十分鐘，最好安排中場休息時間。另外，多數人一天只能在三個九十分鐘時段裡集中精神。因此，如果要安排會議，應該切合實際並仔細規畫。從早上八點半到下午六點的工作天看起來很有效率，實際上效率會隨著時間遞減。

確認有會議主席

我曾經營一間公司，當時公司每間會議室都擺上一張紅色椅子，提醒著每場會議都應該有主席，同時每位出席者都知道他是誰。紅色椅子屬於主席專用，而主席不見得要是最資深的人。

設定明確的目標

會議的目的何在？（記得第二章提到的小學學習目標「WALT」嗎？）有些時候大型團隊或組織需要「檢討會議」，接續討論前次會議後事務的進展，也需要「匯報會議」，以便了解執行狀況，這些會議確實有其必要性，但還是要有清楚明確的組織、目標和行動，別讓每週例行的會議，淪為混亂且煩人的會議紀錄而已。

在會議室中做出決定

在會議室中就要做出決定。有許多會議的結果就只是把該做的事往後推遲而已，我曾經也是在會議中周而復始，重覆討論同樣問題的管理者，這個現象不僅反映出領導力的匱乏，還會影響士氣。沒有比一個團隊感覺自己無法掌控情勢更糟的狀況了，做決定就是控制局面，就算是明顯不重要的事，只要能迅速做決定並完成，都能使團隊充滿朝氣。這是發展團隊「決定力」的最佳方法。

寫下來

在做出決定後，把它寫下來，並按照訂下的時程及計畫採取的行動，定期傳閱周知。我認為大多數的會議紀錄都只是浪費時間跟精力，因為很少人會去讀它，採取行動才是關鍵。

追蹤進度

在提出結論之前，先為下一步尋求共識。如果你已經做出決定，下一步就是確認「什麼人」「做什麼事」「在什麼時候」，並採取行動。

最嚴重的錯誤是沒做出決定

最後，來思考一下成敗的風險究竟有多大。猶豫不決意味著一個人在面對多樣選擇時拿不定主意，心理學家所說的「損失規避」（Loss Aversion）讓我們更能了解這種現象。

這個概念最初由認知科學先驅阿莫司・特沃斯基（Amos Tversky）和諾貝爾經濟學獎得獎心理學家丹尼爾・康納曼（Daniel Kahneman）提出，美國知名作家麥可・路易士（Michael Lewis）的鉅著《橡皮擦計畫》（*The Undoing Project*）即以此為主題。簡單地說，「損失規避」就是人們在面臨「失去獎勵」或「獲得獎勵」時，寧願選擇規避損失，也就是傾向「不要丟失」一塊錢，而不是去「找到」一塊錢。害怕做出決定的人，通常會顧左右而言他，以避免即將面對的可能損失，且不敢採取可能獲利的行動。

有時我們必須做出重大決定。也許我們永遠不會有像美國艾森豪（Eisenhower）總統在二次大戰擔任盟軍總司令時面對的巨大壓力，他在一九四四年六月必須就是否發動諾曼第登陸戰做出決定。對我們這些凡夫來說，那個決定的規模已經超出了本書討論的範圍，甚至超出了現今所有人類的經驗。我們在面臨抉擇時必須自問，風險究竟有多高？當然，風險有時確實很高，關鍵是在自問時誠實以對——究竟有多高？亞馬遜公司創始人傑佛瑞・貝佐斯（Jeff Bezos）曾提過「決定不是單向門就是雙向門」的概念，這是相當容易明白的比擬，在實務上，我們做的許多決定都是雙向的。

實際一點來看，做決定的最大問題在於，我們對「可能犯錯」會自然產生猶疑心理，害怕做出錯誤決定。然而做出錯誤決定並不意味著「失敗」，充其量只是一個「錯誤的決定」，而且很多時候，所謂的對錯也不是那麼顯而易見。

說到底，不能轉圜的決定少之又少，所以，我們大可以放心跟著格言走：不試不知道。如果不成功，就修正吧！

不說廢話

第3章 如何到達目標：有決斷力

- 領導就是「完成任務」的藝術。
- 領導者影響力＝（目標＋策略＋團隊＋價值觀＋動機）X（行動）。如果行動＝0，乘號上方的項目就都沒意義了。
- 如果沒有實踐的勇氣，策略也就失去意義。
- 遵循克林．鮑威爾的「40／70法則」：如果你獲得的資訊只有低於四十％的成功機率，不要採取行動。但如果等到有超過七十％的成功機率，你又等太久了。
- 把做決定的框架從「擔心犯錯」重新建構為「擔心無法盡快做出決定」。

← 接受「難免犯錯」的事實。

← 利用工作清單來防止團隊犯下不必要的錯誤，同時改善工作表現。

← 有效率的會議可以產生有效率的決定。

← 最大的錯誤就是沒做出決定。

第4章 工作文化

整個羅馬要敬服於一個人的聲威嗎？

——《凱撒大帝》第二幕第一景

如同先前所述，領導就是帶領團隊從一個清楚的起點，前往同樣明確的另一點。這不是件容易的事，為什麼？因為領導者帶的是人，而包含你我在內的所有人都很複雜。

領導者的技能，就是讓他帶領的人贏過對手，完成沒有他的帶領就無法完成的事。「工作文化」就是領導者為達到此目的創造出的環境。

對多數組織而言，工作文化是最強力、清楚的特質，和網站上常見的「公司價值觀」有極大差異

在各組織或公司管理階層的用語中，「工作文化」恐怕是最容易被濫用的一個詞，其中一個原因可能如第一章所述，那些利用教「領導」而獲利的人，很喜歡創造「工作文化計畫」。事實上，幾乎所有公司都會在官方網站的首頁提及「工作文化」，且用著老套的形容詞。雖然很多組織都把這個名詞放進公司的介紹手冊，甚至鐫刻在總部陳設的雕塑藝術品上，可是都和真正的工作文化沒有關係，更不會使這些公司脫穎而出。

不管是運動隊伍、學校、咖啡店或是工業巨擘，似乎每個組織都有「價值觀」，如詹姆斯．柯林斯（James Collins）和傑瑞．薄樂斯（Jerry Porras）合著《基業長青》（*Built to Last：Successful Habits of Visionary Companies*）書中宣揚的概念。然而，儘管力求與眾不同（舉例而言，產品或品牌），價值觀卻出奇一致，以致於工作文化也變得很相像。企業傳播顧問公司麥特蘭（Maitland）在二〇一五年對「富時100指數」（FTSE 100）列出的百大公司做過調查，發現有三分之一的公司都把

「維護誠信」「以客為尊」「堅持創新」做為信條。想一想，這些公司耗費了大量資金，最後只達到這些同質性很高的結果。

前述百大公司，似乎只有出版社培生教育（Pearson）選擇了與眾不同的價值觀，該公司標舉的四個價值觀中，有三個比較獨特，即「勇往直前」「發揮想像」「正派經營」。也許並非巧合，這三種價值觀似乎較周到，更有激發思考的作用。

在檢視前述現象時，很難不注意到領導顧問的「加工」痕跡，也會發現為什麼在領導這個主題上有這麼多自以為是的現象，根據我的經驗，這種自以為是在一個組織中從上到下皆是如此。因為自以為是的犬儒主義與言行之間的差距相稱——差距愈小，自以為是的比例就較小，反之亦然。這個現象適用於個人，也適用於團隊。

對許多組織而言，創建價值觀就是典型「乘號上方」的部分（第三章所述）：這些價值觀可以讓組織中的人都忙得不可開交，也會造成巨大花費（有時要花上數百萬英鎊），而且領導顧問還可能隨時乘虛而入，再賺一筆。一旦這些價值觀經過認可，就會在組織中廣為流傳，但通常效果甚差，然後一切就定下了。組織的既定

價值觀通常出自委員會之手，基本上都是毫無意義的願望列表，極少附帶說明如何採取行動，只有管理階層喜歡或贊同的空言。

但工作文化有其一定的價值。把「價值觀」變成公司用語其實為害不小，因為它模糊了有關工作文化的重要性，並阻礙公司內部對真正工作文化的有效討論，也無法清楚定義出工作團隊的行為及文化。事實上，每個團隊都有其文化，有的有效率，有的無效率；有些很正面，有些卻負面有害。麥特蘭公司做的調查並未衡量各公司宣揚的價值觀是否與其工作文化相應，這方面頗值得研究。

在這裡要提一下安隆公司（Enron）。這間公司當年因詐欺事件宣告破產，公司高層也因此入獄。安隆公司的大廳內展示著其價值觀（如上方圖）。

工作文化是領導者創造出來的行為環境，讓團隊能脫穎而出——這是公司的終極武器

對多數團隊和組織而言，以下就是必須面對的現實。

自以為是的犬儒主義價值觀之所以能夠存在，正因為它們平凡無奇，又跟組織實際工作文化無關——上述安隆公司的價值觀就是一個極端例子。當你新加入一個組織，要了解工作文化最容易的方法，就是問你隔壁的人：「你覺得我該怎麼做才好？」試一試，看會有什麼結果。

你得到的答案會直接（有時讓你感到不舒服）反映出管理階層的行為表現。當然這並非壞事，就一般有關領導的書而言，只要管理階層的行為符合公司的最佳利益，且公司也看重這些行為，還算是一樁好事呢！

所以，如果一個有誠信的管理團隊能夠專注於以客為尊的創新，並且持續行動，所說所為都是組織的當務之急，那麼一切會很好，所產生的工作文化也將是連貫的、有條理的，不會受到自以為是的犬儒主義影響，也能很有效率地完成既定目標。

跟訓練計畫、研討會、企業宗旨相較，領導階層的行為表現對公司文化更是決定性因素。事實上，我敢說那些深深嵌入公司宗旨、價值觀內的自以為是犬儒主義，才是建立有效率工作文化的最大阻礙，如果公司管理階層缺乏行動力，那麼就沒有必要花時間、金錢去設定工作文化。

領導者的工作就是要領導別人。但領導之所以複雜，正是因為每個人都很複雜。領導者的能力在於被讓領導的人能勝過競爭者，完成沒有他就無法完成的任務，而工作文化就是領導者為了讓被領導者完成任務創造出來的環境，就這麼簡單。

研究結果表明，只要有時間及足夠預算，從促銷活動（簡單又快速）到主要產品創新（困難且耗時）都可以被複製。然而，無論從哪一點來說，組織的工作文化都無法被複製，這是領導者能擁有最具威力、彈性的武器。說來也怪，工作文化這件事經常受到誤解，且許多領導者根本就從未深思熟慮過。

有效率的領導是件非常困難的事。因為領導者必須先形塑出自己的行為模式，以便創造出需要的工作文化。工作文化並非在會議室開個會記錄下來，再用電郵發給公司同仁就完事了，工作文化起自會議室，也終於會議室，這是最困難的部分，但確立工作文化後，接下來的事情就容易多了。

倚賴性工作文化難以成事

我們都已習慣組織或團隊裡自上而下的金字塔型工作文化。最重要及高薪的人都在頂端，人數最多、最年輕（不見得如此）、薪資較低者則在金字塔的最下層。

這種工作文化的問題在於形成一種倚賴性工作文化：一種自上而下的文化，下層的人很自然地等待來自上層的指令，上層的人則很自然地下達命令、施行控制。在這種制度之下，下層的人養成習慣承接上層指導及解決問題的辦法，上層的人則習慣向下發出指令，就算這不是組織想要的狀態，這種工作文化都會使多數人失去自行思考、行動的興趣與動力。大多數組織經年累月這樣運作，我們可以不像從前戴著禮帽去上班，一些辦公室規則也變了，但工作文化卻依然故我。

為什麼這問題很重要？因為有倚賴性的工作文化會造成整體成果小於各分部的總合。當考驗來臨時，很多人不一定知道如何因應，卻會因為沒有得到上司的指令或批准而不能、不願意去做該做的事。從好一點的方面來說，這會造成行動遲緩；從最壞的一方面來說，就是毫無用處。身為不廢話的現代領導者，我們的目標是建立起一個讓整體成果大於各分部總和的團隊，確立工作文化，讓你我這樣的普通人能做出了不起的事。其實這並不困難，我敢斷言，如果能審慎應用一貫及互信的態度，那麼建立起充滿活力的工作文化，遠比建立倚賴性工作文化要容易得多。

我常舉美國零售巨擘諾德斯特龍百貨（Nordstrom）的例子。諾德斯特龍百貨相當於英國的約翰·路易斯百貨（John Lewis）或馬莎百貨（Marks & Spencer），同樣以顧客服務知名，所有新加盟者都會得到一本「諾德斯特龍工作規章」，這本手冊是這樣寫的。

規章1：無論遇到任何狀況，運用你的最佳判斷。這是唯一的規則。

無論何時，有任何問題，請放心大膽地去問部門經理、營業經理或區經理。

雖然手冊名為「工作規章」，但實際上卻是一本「工作文化手冊」。像是故意玩弄我們對於「工作規章」先入為主的印象，它並不像傳統「工作規章」訂出員工必須遵守的規則，而是描述行為準則及工作文化，且對象不只新進人員，而是整個組織。它告訴每一個人「運用你的最佳判斷」；它也告訴更有經驗的人「不可以不顧自己的責任」，提醒新人跟老手扮演好自己的角色，注意自己的行為，讓諾德斯特龍以客為尊的工作文化得以發揚、長存。

英國著名的修鞋、配鑰匙連鎖店提普森（Timpson）也採取類似的方法。提普森旗下有無數小單位營運點，大多位在交通繁忙的地點，如倫敦地鐵車站，每個營運點都各自獨立，由二至四名營運人員組成。提普森的做法就是放棄內部控管的「工作規章」，讓每個營運單位在共同目標之下各自營運，各有各的營運策略，讓工作文化自由化，同時成功轉型營運。他們的改變就是不以「工作規章」，而以「工作文化」為動力：由顧客至上的工作文化取代了傳統自上而下的倚賴性文化。

提姆．哈福特（Tim Harford）在他所著的《迎變世代》（*Adapt: Why Success Always Starts With Failure*）一書中用一整章的篇幅敘述美軍在伊拉克的血腥經驗。在一般認知中，軍隊是階級文化的極端，卻不適用於所有軍隊和狀況。例如，德國軍隊在二戰時普遍表現都超越其他軍隊（以同等軍力來說），這是因為他們在受訓時就被要求清楚理解整體作戰目標，但在執行時可單獨思考並獨立行動。舉例來說，以下兩種狀況是有所區分的：

A. 我們要攻下那個山頭：我們會告訴你們怎麼做。

以及

B. 我們要攻下那個山頭：由你們決定最好的方法。

哈福特在書中對裴卓斯將軍（General Petraeus）擔任駐伊拉克美軍指揮官的作為做了研究與探討：當時美軍在伊拉克的任務面臨失敗的命運，各地血腥反抗活動與日俱增，美國國內對戰爭的反對聲浪也日益高漲，政客們則壓迫軍方給出一個解決方案：贏得戰爭或光榮退場。

美軍當時已深陷泥淖，為了擊潰各地反抗力量，美軍必須打散成由初級軍官領導的許多小作戰單位，並分佈在各處（通常是初級軍官負擔最重的軍事行動任務。

耳熟嗎？）軍隊的領導階層對這些軍官下達了明確的命令，實際上就是不信任他們獨自行動的判斷力，而深信總部才知道該怎麼做，相信自上而下才是最好的辦法。只不過由於下屬不斷的損失，有些初級官員開始不太遵循上級指令並企圖自行找出解決的辦法。裴卓斯發現，當時的美軍並不欣賞這些下級軍官的自由思考，甚至也不在乎他們的判斷其實帶來了更好的戰果，因此那些沒有遵從總部命令的軍官不是受到懲戒，就是被剝奪了領導的職務。

裴卓斯後來顛覆了前述做法，他仔細地搜尋了最成功的單位，然後鼓勵他們按照自己的方法繼續做並更求精進。不僅如此，他還舉辦討論會，讓成功的領導者能夠在各單位中分享自己學習到的經驗。裴卓斯為人稱道的是他在伊拉克扭轉了美軍下頹的氣勢，但哈福特認為，裴卓斯的成功在於他將美國陸軍的倚賴性工作文化轉為一種學習文化。

如果裴卓斯可以在戰場上將軍隊改頭換面，那麼，你也做得到。

諾德斯特龍、提普森和裴卓斯以各自的方式翻轉了傳統的組織金字塔，通過對下層的傾聽、信任，將原本由中央決斷的政策，轉化為中央決定工作文化，基層決定執行策略。

他們從先前的方式：

領導者制訂目標及策略，儘管事實證明制訂的策略無法達成想要的結果，他們還是繼續堅持，並為自己提出辯護。

結果：策略反而成為目標。

變成了：

領導者明訂目標及工作文化，在第一線的人（不論是名副其實或名義上）根據自己成功和失敗的經驗來制訂、調整採行的策略。

結果：策略就是工作文化。

一個好的工作文化就是有效率的工作文化，就是一個可以讓團隊勝出的文化。為了勝出，你必須擁有一個懂得學習，又能適應周遭各種挑戰的團隊，像緊身衣般

領導者告訴下屬如何做

領導者詢問下屬：「我可以怎麼幫助你？」

的策略，只會讓你礙手礙腳，無法施展。

許多人都同意，僵硬、自上而下的工作文化不是營運現代公司的好方法。誇口創造及創新已變成一種風尚，但如果沒有相應行動讓它們成為工作文化的一部分，也就只是空言而已。

如果你想要團隊釋放出所有的潛能，同時建立起每個人都能專注於「面對挑戰」和「解決問題」的工作文化，那麼，你就必須把傳統的組織金字塔翻轉過來，或者乾脆整個拋棄。

傳統架構（如上圖左所示）製造出來的是倚賴性工作文化，在這種工作文化中，受過良好教育、志向遠大、主動積極的人反而不受重視，他們無法按照自己的思維採取行動，領導者為維持無效率工作狀態的藉口包括了「易於管理控制」及「維護工作品質」。但我一直認為，如果不能信任為我們工作的人，就應該換掉他們，而不是將無效率、守舊陳腐的做法強加於他們，使大家都無法發揮力量。許多組織會說人員才是他們最大的資產，但除非他們能創造出讓人員都能充分發揮的工作文化，否則一切只是空話。上頁圖右顯示第一線人員（譬如實際面對客戶的職員）才是組織裡最重要的人，至於領導者的角色則轉化為教練或導師。

組織中財務部門扮演的角色（及其工作文化）就是個好例子。許多公司感覺上是為了財務部門的需要而營運，財務部門主管應該很喜歡這個看法。實際上除了銀行之外，「財務」通常不會是產品，而是公司成功建立顧客基礎帶來的成果。一個有效率的公司財務長會問他服務的組織：「我要怎麼幫助你們變得更有效率？你們知道我對你們有何需求，但你和團隊又對我有何需求呢？」這樣做其實並不困難。

領導者必須有能力吸引人才，並創造讓他們茁壯成長的工作文化。

創造決策文化的關鍵是一個簡單問題：你有什麼建議？

對一些領導者而言，這也許是個大新聞，但領導指的並不是領導者而是整個團隊。組織如果只有一個領導者且只有他說的算數，注定不會表現得好。運動團隊的教練常會提起「球場上要有多名領導者」，這個說法不誇張，因為賽前的所有計畫無法預想到比賽時遇到的突發狀況。現實就是每天都會面臨不同挑戰，而且隊伍裡的成員在場上都是互相獨立的，所以必須學習如何獨立做判斷並運作。評估一個工作文化的標準，就是檢視領導者不在場時（大多數時候都是如此），個別成員如何運作。因此，有效率的工作文化就意味著隨處都有可做出決定的人。

現今世界快速運轉，我們必須準備好在追求明確目標時，隨時可能要拋棄原先訂好的計畫，如果不這樣的話，更敏捷、快速的競爭者就有可能超越我們。

弔詭之處在於，你愈善於做決定，你的團隊就愈容易倚賴你（而且你也可能期待他們如此），希望你幫他們做出決定。如果只是一個小團隊，這方法有時確實有效，但如果不是，恐怕最後就會妨礙整體表現。

許多由企業家領導的公司在擴張到一定程度後，就開始停滯不前，這是常觀察到的現象，造成此現象的主要原因，就是身為公司創始人的企業家無法培養出一個團隊，能在沒有直接指令的情況下自行運作。說句不客氣的話，這些企業家就是無法放手，往往控制慾很強。諷刺的是，唯有放手才能讓嬰孩順利長大成人。

最近有一位前同事找我提供意見。她剛成立只有兩位員工但野心勃勃的小科技公司，兩位同事是技術人員，她擔任經理。雖然剛開始運作得還算順暢，她卻發現公司夥伴之間的相處有些困難，兩位同事技術上沒有問題，但似乎不太肯扛下責任，就算不是每天，他們每星期會在她面前大吐苦水，不只關心，也很擔心公司的運作，希望她能給予支持及保證。事實上，他們三個人各有明確的角色和責任，她自己已有許多煩惱，哪還有精力承擔他們的憂慮。所以她問我該怎麼做？

對許多人而言，這位前同事的煩惱應該再熟悉不過了：典型的星期五下午，對方把所有問題悄悄堆上你的桌子、你的肩膀，然後他就有「煩惱已經有人共同承擔且減半」的感覺（至少對他來說是如此），快樂地離開辦公室前往酒吧輕鬆去了。至於你呢，在那個週末不僅有自己的煩惱，還同時要承擔他的。

我當時告訴她一位前老闆曾給我的忠告。我過去也有同樣經驗，承擔別人應該要自己承擔的煩惱，結果搞得疲累不堪，不但影響工作效率，也使自己因壓力而緊繃，進而凸顯了自己在工作的惡習。當時我的老闆告訴我：「別讓他人把背上的猴子（意指麻煩事）移到你的背上，如果他們想那樣做，應直截了當地拒絕。」

關鍵就是問他們一個簡單的問題：「你的建議是什麼呢？」

這是一個很有用的問題，可以提供對方支持跟意見，又不會讓對方推卸責任到你身上。正是因為非常有用，我還曾經遇過有人把這句話貼在辦公桌後的牆上，提醒所有前來的人，他能提供的只有「意見」跟「支持」，而不是接手處理麻煩事。

克勞迪奧．拉涅利

現在來看以成敗論英雄的頂尖運動界。要成為菁英隊伍的成員，必須通過高標準的考驗。最頂級的隊伍擁有最傑出的運動天才以及最強而有力的運動文化，才能所向無敵：譬如史蒂夫．沃（Steve Waugh）帶領的澳洲板球隊，佩普．瓜迪歐拉（Pep Guardiola）帶領的巴塞隆納足球隊。但是，若你無法擁有最佳的運動天才，怎麼辦呢？一個擁有運動天才但運動文化普通的隊伍，可以擊敗球員普通但有優秀運動文化的隊伍嗎？一個相對不那麼突出，甚至不為人知的英國足球隊，他們的表現就回答了這個常被提出的問題。

二〇一六年時，萊切斯特城隊（Leicester City）由球隊經理克勞迪奧．拉涅利（Claudio Ranieri）帶領，在所有人都不看好的情況下（賭盤是5000:1）贏得全球觀看人數最多的體育賽事「英格蘭足球超級聯賽」（English Premier League）冠軍，完成職業運動史上幾乎不可能的任務，可媲美《魔球》（*Moneyball*）一片中描寫的奧克蘭運動家棒球隊（Oakland A's）的傳奇故事。

拉涅利認清了一個現實：面對其他球星雲集的隊伍，唯一致勝的方法就是建立起一套強而有力的團隊文化。傑出的領導者絕非獨裁者，而是團隊的導師、引導者。技術專家通常關注細節管理，拉涅利則先建立起一套團隊文化，然後專注於排除所有障礙（情緒上或身體上），讓他帶領的隊伍盡其可能有最佳表現。

據說他曾講過：「我不會談什麼戰術。」拉涅利的策略就是他建立起的球隊文化。足球賽的九十分鐘如同商業行為的一個周期，直接參與其中並與面對挑戰的人執行一連串策略，比賽一旦開始，球隊經理就是局外人，場上的球隊成員必須有能力找出臨場解決方法，拉涅利對他的隊伍有充分信心，相信他們有足夠知識及技巧來面對場上挑戰，他所要做的，就是創造出一種團隊文化，鼓勵球員完成前述的任務。他建立的球隊文化讓球員在場上能自由做出臨場決定，讓他的隊伍毫無畏懼、勇往直前。

「善於做決定」的文化可以讓團隊表現更靈活

許多組織都喜歡把「靈活」掛在嘴邊。還是現實一點吧，現在世界運轉如此快速，有哪一個組織不想跟上腳步？但誰真正了解要怎麼做，才能讓一個組織變得靈活？你需要什麼樣的行為準則？我的建議是：當你聽到或讀到「靈活」這個詞——商業上的流行語，你到處都見得到——在心理上就代換成「善於做決定的文化」，這個表述有點複雜拗口，卻更準確、有用，因為它清楚描述出實際行為表現，也解釋了為什麼大家都掛在口嘴上，卻很少人真正做到。

任何一個組織如果採行的是由上而下的工作文化，就不可能靈活，事情就這麼簡單。所以，如果你希望靈活、敏捷，就不要花太多時間在程序上面，而應創造組織內每一階層都機靈、負責任的決策文化，從會議室到接待櫃台，不能只有「一點」靈活。

「凱撒大帝」會抑制工作文化、限制工作表現

對於一個團隊而言，「工作文化」是最有力也最具代表性的特質，它決定了團隊表現是出色或拙劣，而領導者的問題不在於欠缺工作文化（每個團隊都有自己的工作文化），而在於如何創造出可以讓團隊勝利的正確文化。就大多數的團隊而言，所謂的「工作文化」只是一種領導人不太重視的附帶品，更糟的情況是，它是一個肉眼看不見，但大家都感覺得到在拖住團隊的錨。領導者面臨的挑戰是改變一個已經破損，甚至有害的工作文化，這並非容易之事，因為必須有堅定意志、明確願景及足夠體力。

傳統的廣告公司架構裡，最有權力的人莫過於創意總監，就像《廣告狂人》（*Mad Men*）一劇，丹・多拉波（Don Draper）是劇中的創意總監：大權在握、無

所不知。他坐在主管辦公室的白色皮沙發上，君臨所有下屬，對客戶和他們的世俗煩惱一無所悉，卻是公司裡最專橫跋扈，到處指點江山的人。我還是廣告公司初階職員時，就被告知如果我在獲得創意總監首肯前讓客戶知道自己的想法，就會被立即開除。因此，創意總監就是廣告界高高在上的帝王。

當一份客戶資料送抵廣告公司時，它會從客服窗口，通過公司金字塔的層層部門來到創意總監的辦公室，通常為了不打攪他，都從辦公室門下塞入。時間慢慢過去，公司裡的金頭腦開始思考這個案子，更多的時間流逝，就像是梵蒂岡樞機主教選舉教宗的秘密會議（教堂煙囪飄出黑煙表示投票未有結果，飄出白煙即成功選出新教宗），你只會看到公司的煙囪冒出黑煙，卻不知道屋裡在幹什麼，客戶也苦苦地等候結果，然而只是更多的時間過去，更多的黑煙冒出來。

終於，變成白煙了，真是謝天謝地啊！創意總監做了選擇，做出決定，新出爐並包裝得十分漂亮的想法再次千轉百迴到客戶端。已被幾星期的黑煙和毫無動靜弄得心煩意亂的客戶此時終於高興了（希望如此），他們仔細檢視了廣告公司提出的新看法，然後也許會問：為什麼廣告公司認為這就是正確答案？如果廣告公司也夠誠實的話，應該會說：「因為『凱撒大帝』認為如此。」

這就是典型自上而下的倚賴性工作文化，只有一個人的意見真正算數，儘管表面上看起來是有創造力的組織，實際上的狀況卻是，其他人的獨創性都是在挑戰「凱撒大帝」的自我和權威。

你是否也認識這樣的「凱撒大帝」？曾經與這樣的領導者共事過？你現在所處的組織裡是否也有一位？許多公司都有「凱撒大帝」，坐在主管辦公室裡創造出「倚賴性工作文化」。「倚賴性工作文化」就是不管團隊裡其他人多麼聰明、有工作動力，就只有一個人的意見說了算，這是公司總體才能小於各部門總合的工作文化。它的工作成效緩慢、停滯。

想要建立一個靈活、網路通暢的決策文化，就必須把那些「凱撒」以及他們創造出來的文化一舉掃除，這是你的三月十五日（The Ides of March，羅馬古代重要歷史事件發生時間和名稱——當天，凱撒大帝遭親信及摯友計畫刺殺）。

在一個志氣遠大的現代組織裡，工作文化的目的就是「解放團隊成員」，讓他們能勝過競爭者。充斥「凱撒」的糟糕工作文化會糟蹋有才能的人，但一個有效率的工作文化可以使得整體成就大於各部分成就的總和。至於什麼是理想的工作文化？這並沒有單一答案，其目標為釋放、激發組織裡所有人的潛能。

我曾應徵過一家全球知名的科技公司，因為聽說了他們想找什麼樣的人，也事先對他們如何在如此規模的公司裡維持良好的工作文化做了一定程度的了解。當時跟該公司人資部門主管見面，很顯然地，她無意於推銷自己公司，因為選擇權在於他們。我們就工作文化進行了一些討論，我也同時提出自己的觀點：「一個好的工作文化可以讓公司裡的明星做出表現，但對整體來說，真正的利益不僅是大家認為最傑出的人，而是來自於每個人的積極參與。」她回問我，如果她說公司裡所有九萬名員工都是明星，我要怎麼說？我告訴她，我不相信她說的話。

結果是，我沒有得到這份工作。

我說的是事實，不可能有一個組織的成員全是明星，不同的人在不同的階層做出表現，且每個人的表現在不同時間也可能有所差異，這就是我們身為人類無法避免的現實，一個偉大的工作文化在面對競爭時，會讓團隊的努力大於個別成員努力的總和。工作文化並不是什麼可愛的東西，而是一個在競爭時能夠佔上風的殺手鋼，事實也證明了這會是對手最難仿效的創見，他們也許能拆解你新買的智慧手機來了解怎麼運作，卻無法拆解及複製你的工作文化。

組織文化就像水泥塊，要很努力、用力才能改變

管理學大師彼得．杜拉克曾說過一句很出名的話：「對工作文化而言，策略不過就是它的早餐罷了。」因此，領導者必須具備的技能就是了解如何影響團隊工作文化，同時做出必要的改變。

工作文化不是虛弱無力的概念，不是在早餐時提供免費水果，午餐時提供瑜珈課程或是來一場夏日派對，而是堅固、具體的物件，用來決定一個團隊的終極表現：這個組織是否能成長或萎縮，勝利或失敗，進化或敗亡。

想像你的工作文化是一個大水泥塊，起初水泥是濕的，你把它倒進模具內，這時的水泥可以任意揉捏成任何形狀，還可以把自己的名字胡亂地寫在上面，甚至不經意留下足印。但一段時間之後，水泥就會開始固化，工作文化也是如此。

要改變工作文化，必須先把它擊碎，動作輕巧不會有任何效果，隨意添加一點東西也無法修復已經被擊碎的文化。你必須採取實際動作，別人看得見的動作，且持續進行，行動的目的很清楚，就是要擊破水泥塊，同時讓其他人了解你在做些什麼，最後，你要建立的新工作文化就會逐漸成形、固化，這一次（如果你做對的話）它會變成你想要的形狀。

打碎重練的秘密在於，你必須讓他人知道「為什麼要這樣做？」且並不是隨心所欲地做：

1. 清楚說明組織需要哪一種工作文化以及原因。
2. 將你認為重要的行為列出來（現在還不需要答案，記住——坐而言不如起而行）。
3. 採取具體行動，宣示舊的已去，新的已至。
4. 確認此改變適用於你和你的團隊。
5. 讓你的團隊勇於負起責任。

在這個當下你必須牢記，不管公司在接待處放了多麼昂貴的工作信條或價值觀藝術品，工作文化才是管理階層最該重視的，想要改變工作文化，就必須改變領導者的行為，如果辦不到，就只能換領導者了。就像我先前所說，這是一件硬碰硬的事。

這就是移除「凱撒們」的原因和方法。

領導團隊在「必須採行的行為」方面不能含糊，也必須互相監督，負起相對的責任。指責下屬是件很容易的事，相對而言，跟同儕討論是否有認真做事及負起責任，卻頗為困難。

想要擊破工作文化的水泥塊，你必須要自問：我要怎麼做，才能讓所有人感覺到這個星期一和上個星期五是有差別的？思考別人該怎麼改變，是件很自然的事，然而從自身開始做才真正有效，且要求會比較高。雖然水泥塊不容易擊破，但實際上你可以採取的行動，有時也沒想像中複雜。

我們都會受到習慣左右：早上同一時間起床，在餐廳點同樣的餐點，用同樣的話語打招呼，從同一隻腳開始穿襪子，如果不這樣的話，就不知道該怎麼過日子了——這是因為我們不想為每個決定和行動傷腦筋。團隊也是一樣，他們在潛意識裡養成習慣、行事作為、彼此較勁、訂定自己的行為規範。然而，這些事到頭來都不會對每天的現實問題產生影響，是吧？

表面上看起來都是小事，但做為一個想要改變的領導者，你一定要讓團隊跳脫舒適圈，用全新的視角來看待熟悉的事物，盡速打破早已成形的習慣，強迫重新評估自身及面對的問題。

舉例來說：改變團隊的組成、架構、加入標準；調整會議地點、頻率和長度；在明亮又通風良好的房間開會；將圍著會議桌改為坐在沙發上開會（反之亦然）；更換團隊名稱；改變開會設定的議程等等。重點在於，打破團隊原先不自覺養成的習慣。

如果你帶領的是運動隊伍，就改動更衣室規則、訓練時間的長度及內容、引進新人（教練也好，運動員也好）。不管是什麼樣的隊伍，這個方法都有效用——因為團隊長久以來的習慣改變了。

這些做法的目的只是要所有事情適得其所，創造出有變化的環境來打破水泥塊。記得，改變要從你和領導者身處的環境開始，如果環境沒變，真正的改變也不會發生。

所以，先打破團隊已固化的水泥塊，你會很驚訝地發現，原先熟悉的事物現在顯得煥然一新了。試試看吧！

利用團隊身處的環境型塑出想要的文化

在組織裡，座位的安排很容易引起焦慮甚至爭論，與此同時，座位又是工作文化特別顯而易見的部分，有很多工作行為相對隱晦，但組織如何安排人員的座位，卻攤在大家眼前，所以，你可以好好加以利用來彰顯想法。

是否所有人都要坐在辦公室裡？如果不是，那麼，誰該坐在辦公室裡呢？

是否每個人都要配置一位助理？如果不是，那麼，誰該有助裡呢？

每個人都有自己的辦公桌嗎？

你是否把自己安排在某個部門，如果是的話，為什麼？目的何在？

這座辦公大樓裡，是否有些位子更受歡迎？

那些座位是如何運用的？

我還可以繼續舉例。

更動座位就像用鐵槌敲打水泥塊，如果你做對了，會有人痛得大叫。「凱撒們」最喜歡坐到好位子了。

有關管理學的書很少提到座位安排，這無法界定工作文化，卻可以讓工作文化更為牢固；無關建立新的工作文化，卻彰顯了改變並擊破水泥塊，有人會憤恨不已，有人會雀躍，但所有人都會注意到這個更動。

我當年接任一個搖搖欲墜廣告公司的執行長後，採取的行動之一就是打破辦公室的籓籬，拆除部門之間的間隔，讓人家坐在一個大空間裡，成為以客為尊的團隊。這是很明顯的變動，目的也很清楚，而且發生得非常快速。

這樣做會讓我們的生意改觀嗎？不會。

但對所有人來說，星期一的感覺和上星期五有不同嗎？是的。

那麼，這樣做是否有了改變，並讓水泥塊出現裂痕？是的。

這件事無關「我們」而是「我」

一屋子聰明人再加上吃光的披薩盒子（意指開會）並不會帶來改變，但「改變的計畫」確實得在會議室中形成，真正的改變意味著團隊裡每個人行事作為與以往不同，是行動所帶來的結果。

我曾以企業領導者及諮詢師的身分，跟很多人談過「改變」這件事。有點意外的是，跟他人談及改變，贊同的人遠比覺得不適的人多。許多聰明的人都能看到公司面臨的挑戰，也希望能有一位有明確行動計畫的領導人，因為那對他們自己也有利。然而實際的改變程序卻常受到誤解，很多人會告訴自己：「沒錯，我們需要改變，只要其他的人都能振作起來，我們就一定能做到。」這種想法根本無法成功，只會適得其反。

為求達到改變目的，每個人都應該思考自己可以做出什麼改變，而不是想別人應該怎麼改變，而且愈高層的人，就愈該這樣思考。只有每個人都感覺到改變的必要，了解改變帶來好處，改變才會發生。簡單地說，唯有所有人從自己的小改變做起，才會帶來整體的大改變，可是現在經常出現的狀況卻是每個人都希望「別人可以做得更好」。

決定「實用價值觀」的小指引

我對很多公司在訂定價值觀方面投入的精力一直抱持懷疑的態度，並不是因為價值觀本身沒有價值，而是在很多情況下，「訂出價值觀」本身反而變成終極目標，這種以人力資源為重心的價值觀，既無法對組織效率產生影響，也無助於達成既定目標。

《基業長青》是一本影響廣泛的書，但如同所有工具，書中提出的原則只有在使用時才會產生效果。只不過它們通常都沒有被好好運用，或者只變成一個勾選框而已。長話短說，如果你認為對團隊來說，訂定一套價值觀很重要，就去好好讀那本書，然後謹慎從事，不要只是草草而為，隨便找出大家都會接受的形容詞，然後放上官方網站了事。

最重要的是，你必須很清楚究竟什麼樣的價值觀，才能達成目標（雖然聽起來很輕鬆，但這絕不是件容易的事）。如果你的目的是創造工作文化，就必須輔以一目了然的具體行動，否則只是毫無價值。

1. 以目標為始，做正確和重要的事情

組織價值觀的重點在於闡明、形塑出工作文化，為什麼？因為就像先前所說，一個有效率的工作文化就是終極武器，他人幾乎無法複製：

a) 盡量用最簡潔的文字寫出你和團隊相信能成功的工作文化。

b) 確認組織裡所有人都知道為工作文化做出明確定義時的行為準則。

c) 最後，是否有可簡單描述前述行為的價值觀？

2. 價值觀不單屬於你，而是屬於所有人

所謂工作文化，可說是公司管理階層應有的行為表現，但它並不屬於管理階層，這個區分有其重要性。有效率的工作文化屬於團隊或組織裡的所有人，也正因如此，每個人都需要在創立、定義以及維護工作文化的過程中扮演一個角色。倫敦葛雷廣告公司（Grey London）訂出的「開明」工作文化之所以能夠產生效果，就因為大家都貢獻了心力，同時也相信其中宣揚的原則。

這不是隨意為之的事，我們刻意創造出一個行動準則——定期執行並且隨時按情況更新，確認公司裡的人都能參與創立及界定。

這樣做有三個好處：改善思維模式，確保工作文化屬於全公司，讓所有人理解、實際參與改變之處。雖然這麼做很花時間，卻相當有效，最後大家都能對工作文化有充分了解，也都自認為其中一分子，如果你參與一件事，就不太可能產生悲觀、懷疑。我們常聽到「這件事不夠公開。」這樣的話是否有時會被誤用又讓人惱火？是的。但是這句話是否有其價值？當然，毫無疑問。

3. 反向思考

如同麥特蘭公司的研究，多數公司寧願選擇一些簡短、平淡無奇的形容詞界定自己。

我常自問，在面對既定的價值觀時，會不會想從反面來思考？用麥特蘭公司發現最常被用做價值觀的「誠信」一詞為例：有哪一個公司會宣稱自己不夠誠信？用這個詞界定自己，有意義嗎？

在選擇界定價值觀時，我們應該自問：「採用這些字句對我們有什麼益處？」「我們選擇的字句，是否就是達到目的的最佳方法？」再回到「誠信」這個詞，選擇這個詞究竟能告訴你的職員、客戶以及股東什麼？它能讓他們去做本來就無意做的事嗎？我敢說，在所有情況下，這個名詞都了無新意。

想像公司把自己界定為「一個所有人都能發聲的地方」。如果「誠信」是公司認為必須嚴肅看待的事，那麼，樹立起「誠信」更好的方法，不就是建立工作文化，讓企圖扭曲規則的人被同僚監督嗎？

4. 言行一致

許多領導者會從有限、一成不變的字彙中尋找字眼來描繪心目中的價值觀，他們在呈現這些價值觀時，也用了同樣的方法，常見的公式是：找出四個詞概括描述我們是什麼？

如果這麼做有用，很好。但請切記這樣做時，應該要聚焦於想達成的目標：明確定義（或者重新定義）工作文化。如果能用幾句話就完整說明，很好。然而我相信多數時候並非如此，也許這幾個字可以起到一定的提醒作用（就像「公開」這個詞），如果是這樣，請不要忽略了更廣泛的定義。

為什麼不用長一點的句子或甚至整個段落呢？我明白簡短的好處，雖然就算只有四個詞，我敢打賭大多數的人，甚至包括管理階層，根本無法清楚記得公司的價值觀，比起簡短，還是應該以功效做為考慮。

舉例來說：

「**互信**」可以變成：我們相信團隊應該擺第一，我們要相信自己的團隊，同時確認能互相支持。

「**創新**」可以變成：我們會繼續找出為客戶提供更好服務的方法。

行動高於價值觀

更實際、可見度更高的方法——單獨存在或伴隨價值觀——就是好好思考「行為表現」這件事。如果工作文化與我們如何採取行動有關，就應該從界定工作文化中的「行為表現」做為起步。

我在上一個執行長的任期中，曾被問到這方面的問題，我的答覆是：「我們的策略就是『工作文化』。」且我們賦予了它一個名字：公開。這個想法不獨特，卻簡單好記，也概括了我們相信能夠創造並維繫一個有效文化的行為表現。

我們的目標：做到最好。

我們的策略：創造一個超級有效的工作文化，讓我們的才能得以發揮並勝過競爭對手。

我們的工作文化：公開。

原創、獨特、精巧都不重要，重要的是如何達成目標。

至於「公開」，那從來就不是一個價值觀，而是工作文化的概括，是我們對公司員工以及客戶的行為表現方式，且能引起兩者共鳴。就我服務的公司來說，內部已多次通過公司員工無保留的自覺考驗，我相信直至現在也是如此。

重要的是，伴隨「公開」的行為可使其更具意義及可信度。

舉例來說：

1. 沒有一個人的才智可以超過集體才智。舉辦組織的整體討論會，確認我們詳盡解釋了工作文化的願景，同時讓所有人都參與建立工作文化並予以改進，我們可以把工作文化定義為管理階層的行為，但如果使其成功，就必須是所有人努力的結果，並被充分理解。

2. 我們就是自己最重要的客戶。準備好貢獻自己的時間來應對挑戰，因為唯有如此，我們才更能協助客戶應付他們會面對的挑戰。

3. 別管那些過程。我們讓客戶界定自己以客為尊的解決方案（就像前面所述提普森的作法）。

4. 打破部門之間的疆界。讓組織內所有人混合在一起，大家都以「以客為尊」為指導原則，再也無法根據別人坐的位子來判定其工作性質，但是可以判別出他負責的客戶，我們把客戶需求置於組織架構及自我意識之上。

5. 不再有任何樣板、範本。我們取消了策略範本，讓公司內的策略制定者能自行思考而非遵循熟悉的前例。

6. 管理階層的角色轉換成「指導」。把各部門領導重新定位為各種計畫的指導者，而不是像從前一樣，堅持讓他們只扮演簽呈的角色。

上面的列表並沒有列出所有項目，事實上，這只是其中一次討論後記下的若干要點，這和之後其他相關活動引發的行為表現，都是一連串有關「公開」的新倡議，可用來探查並進一步推展範圍，同時以一種「物競天擇」的方式來決定採用哪一種對團隊而言才是最好的方法。

事實上，上述列表中故意包含了失敗的事物。譬如第五項的「不再有任何樣板、範本」就是個大失誤，因為如果沒有範本，最後就會亂成一團：沒有人知道自己該做什麼，因此在兩個星期之後，我們趕緊重新恢復了行為範本。這是否意味著這個方法毫無用處？當然不是，它只是不適用於該時間點採用的工作文化以及人員而已。那麼，是否要在不同的情況下再試一次？當然。而對我們而言有效的作法是否適合所有人？關於這一點，我也很確定不是。

列表中的其他部分也有些問題，但並不明顯。譬如說對許多人而言，撤除部門之間的藩籬和取消個別辦公室就不這麼受歡迎。財務部門主管突然發現旁邊坐了兩位來自北歐、喜歡喧鬧的藝術部門主管，起先，雙方還覺得滿有趣（其他人也這樣覺得），結果很快地，大家都痛苦不堪。

所以，組織經過第一次變動後，大家已經無法通過坐在哪裡來判別工作（包括那位財務部主管），各部門的清楚分界也不見了，我們還做了些「社交工程」來降低前述的痛苦衝突，不過我們創造出來的環境還是維持住了工作文化的原則，也設下了適用於大家的行為準則。最後，改變帶來的好處超過了挑戰，若非如此，我們會再去嘗試別的方法。

「圖騰」是工作文化的有力表徵

克萊夫．伍華德爵士是英格蘭甚或全世界知名的運動教練。二〇〇三年時，他帶領英格蘭隊在澳洲舉行的橄欖球世界盃決賽中，擊敗主場澳洲隊贏得世界冠軍。接著他又接下更大、更複雜的挑戰，在二〇一二年倫敦奧運期間成為英國隊（包括英格蘭、蘇格蘭、威爾斯）的運動總監，帶領隊伍奪取了創紀錄的獎牌數。

在接下大不列顛隊運動總監任務的同時，他已認清在面對數以百計參賽者、教練及後勤支援隊伍時，為他們建立起一套工作文化的重要性。就如同建立所有工作文化一樣，這不是一件可以隨便糊弄過去就自我感覺良好的事情，而是要創造出整體成就大於各部分總合，能在世界矚目的舞台上贏取勝利的工作文化。

克萊夫爵士跟那些教練級運動員談話之後發現，他面對的第一個挑戰就是要說服不同的運動隊伍，不管是已經很出名的或還是籍籍無名之輩，共同的工作文化才能為他們帶來利益。

與此同時，他也很早就發現團隊共同關注點，就是健康跟衛生。因為所有比賽隊伍都必須在奧運村中待上幾個星期，即使是一個小感冒開始傳染，都會影響到從十多個運動員到整個隊伍的奪標之夢。雖然人家都體認到這件事的重要性，但不同的隊伍有著各自差異性極大的標準跟程序，因此從前各隊伍的經理企圖維護團隊健康問題時，經常會發生幾乎是公開衝突的情況。

克萊夫爵士認為，為了在奧運村內為隊伍維持一個「無菌」的環境，就必須先建立起大家都同意並遵守的標準程序，鉅細靡遺到從發現可疑染病者的隔離，直至飲水瓶的清潔與消毒，重點是規則不是從上而下定，而是由運動員自下而上提出建議，相關的想法及建議收集好後再傳送給個別隊伍予以檢討，最後加以彙整，經過大家同意後付諸實施。這個做法將共同目標——保持健康——和共同的工作文化完美結合，一個極清楚的行為準則促使大不列顛隊選手營的工作文化於焉誕生。

這些行為準則中的一項又特別突出。那就是奧運村中英國隊的居處所有門廊（內部或外部）都設置了殺菌洗手瓶，大家都同意，不管你是誰、不管你的走動有多重要、不管時間多晚，你都不能不清潔手部就通過門廊。在此規定之下，一個人想要從奧運村英國營的某一點到另一點，意味著可能要清潔十幾次，這個做法也使運動員、公關人員及教練為了等待殺菌洗手而在許多地點出現排隊現象（不過老實說，英國人還滿喜歡排隊的）。所有人員會互相監督前述做法的實踐，任何人想投機取巧規避，就有可能遭到檢舉，甚至參賽隊伍裡最資淺的人如果發現有資深者想要躲過殺菌洗手儀式，也會訓誡對方。

這個工作文化造成的效果（請記得，工作文化的重點在於其施行成果），就是在整個奧運比賽的過程中，英國隊裡沒有任何咳嗽聲或擤鼻涕聲，每一位運動員都能在最重要的比賽中以最佳狀況出賽。最後的結果就是獲得了破紀錄的獎牌數。

然而，這個殺菌洗手措施之所以有趣，就是因為它的重要性已經超過了單純的「衛生」，它實際上已經成為整個隊伍和睦相處、專心一志和專注細節的「圖騰」：一個在比賽前幾乎彼此從未碰過面，在比賽後也幾乎沒有機會全部再聚首的團隊共同擁有的圖騰。這個工作文化在奧運期間成了「他們的事」，它不是克萊夫爵士一個人的事，它屬於整個團隊，整個團隊也負責監管、執行「這件事」。簡單地說，當時沒有，也不需要「凱撒大帝」了。

殺菌洗手瓶成了每天（其實是每小時）的一種提醒、一個「圖騰」、整體價值觀、整個團隊的文化及行為表現：它屬於他們也只屬於他們，如果外人覺得他們怪異或做得太超過，一點都沒關係。它提醒了整個英國隊，儘管除了奧運期間的兩星期之外，人員之間並沒有什麼共通的地方，但曾經共有過一個大家都了解的文化，而且靠著這個文化贏得了空前的成功。耗資幾千英鎊的殺菌洗手設施就讓這個隊伍變成最成功的英國奧運代表隊？也許不是。但它是否扮演了重要的角色？毫無疑問，是的。

「圖騰」很重要，甚至比許多人掛在嘴上的價值觀更重要、有力好幾倍，因為圖騰是工作文化肉眼可見的象徵，它可以是任何東西，但必須屬於大家共有。當被看見或被使用時，它應該要起到提醒的作用，提醒這個團隊的共通處為何，以及是什麼讓團隊顯得與眾不同。在葛雷廣告公司，「圖騰」就是我們的座位配置。沒錯，我知道有點怪異。每當有新人加入時，都可以看出他們的侷促不安，他們沒有辦公室、沒有可歸屬部門、沒有清楚的公司架構，也沒有任何辦公室規則。不過他們很快就能理解並融入其中，最後像大家一樣舒服地坐在椅子裡觀察後來的新人。當然，也有人因不適應而離開，但對那些留下來的人而言，他們會感覺到彼此之間的連結更為緊密。我們的工作文化建立起與眾不同的感覺，我們希望出類拔萃，我們希望反傳統。

「圖騰」確實很重要，你的「圖騰」是什麼？

工作文化就是管理者的行為表現：如果不能即知即行，一切都只是鬼扯

我相信對多數公司來說，工作文化都是最有力、最能界定公司特質的象徵。對極少數有獨特產品或才具的公司，也許不是如此，但對大多數一般公司而言，確實

是如此。

我曾聽過一些領導者說他們無法影響工作文化。實在錯得太離譜了，其實領導者才是最能影響工作文化的人，無一例外——不管他們自己是否了解這一點。說到底，工作文化就是管理階層的行為表現，沒有任何價值觀和公司宗旨能改變這一點。

領導者領導眾人，所以一切才會變得複雜，這是因為人類本身就很複雜。領導者的功能就是帶領他領導的團隊勝過周圍競爭者，完成他們原先可能無法完成的事。工作文化就是領導者為他的團隊創造出的獲勝環境，就這麼簡單。

不說廢話 第4章 工作文化

- 工作文化是大多數組織最有力、最明確的特質，但通常跟該公司列在網頁上「價值觀」沒什麼關係。
- 工作文化就是領導者為團隊創造出的獲勝環境，它也是公司的終極武器，且很難被複製。
- 倚賴性工作文化注定難有表現，因為它抑制了人們運用最佳判斷及思考。
- 創造決策文化的關鍵是一個簡單的問題：你有什麼建議？
- 只有「善於做決定」的工作文化可以讓團隊表現更靈活。
- 「凱撒大帝」只會製造出無效率的工作文化，使整個團隊表現欠佳。

← 組織的文化就像是水泥塊，必須採行強力的衝擊與行動，才有可能擊破。

← 利用團隊身處的環境形塑出想要的工作文化。

← 大多數界定「價值觀」的努力都是浪費時間，界定「行為表現」才更有效、有用。

← 「圖騰」是工作文化的有力表徵。

← 工作文化是管理階層的行為表現，如果不能即知即行，一切都只是鬼扯。

第5章 做領頭羊

尋找、留住、激勵你的人才。

評估一位領導者才智的第一個方法，就是觀察圍繞在他身邊的是些什麼人。

——近代政治學之父，《君王論》作者尼可洛．馬基維利（Niccolò Machiavelli）

前述討論了想成為領導者的關鍵階段——如何了解並明訂出起點、最終目標，以及領導者在建立有效率工作文化的過程中扮演的中心角色，但一個領導者也需要有「對的人」在他的團隊裡。他必須有辦法通過聘用、留任、激勵、訓練甚至哄騙，以求找到最好、最有能力的人才，這是在建立有效工作文化之外最重要的工作。不管行事風格為何，領導到最後都將歸結於一個簡單事實：領導者需要追隨者。

一位成功的領導者必須改善或至少維持團隊在明確行事方法下的工作表現。不管工作是什麼性質，是生產線的負責人也好，消防隊或是科技企業的領導者也好，最終是否能成功，都取決於你對領導的團隊行為表現是否能產生正面影響。有的時候，你和被領導者之間的互動可能是良性的，有時可能不太友善，有時更可能會覺得，最艱苦的戰爭發生在你跟團隊，而非競爭者之間。雖然可能面臨各式各樣的場景，有關領導的問題卻是相同的：你是否能將一群獨立個體打造成一個團隊，並說服他們跟隨你？

多數組織只是「擠滿人的建築物」，讓某些組織勝出的究竟是什麼？是「人才」和「文化」

說來慚愧，我一直到了自己擔任公司執行長後，才發現過去幾乎沒花時間思考為什麼在這一行（廣告）裡，有的公司就是比別人強。要看出誰強誰弱並非難事，但造成這一間比另一間強的原因是什麼？在當時，我們顯然是比較差的一方。

那麼，究竟為什麼在經營一陣子後，有的公司的表現比其他公司好得多？我認為從團隊外表上看並不會有多大差別。當然，有些團隊擠滿了明星，多數則不然。然而環顧四週，會發現有些團隊很明顯比其他團隊強，這跟領導有關，但領導者究竟做了些什麼，才造成前述現象？

譬如會計公司、管理顧問公司、運動隊伍、銀行或服務業等等多數組織，基本上就只是「擠滿了人的建築物」（而且建築物還不屬於他們）。尤有甚者，隨著時間流逝，由於變換工作及扮演角色的關係，同一批人也會在彼此競爭的組織中遊動。

我們可以用另一個方式再提出問題：怎麼有些「擠滿人的建築物」會比我們好得多？或者，為什麼你那棟擠滿人的建築會勝過他人？

「擠滿人的建築」這句話聽起來讓人有點氣餒，但如果建築內都是能人，又讓人覺得身心舒暢。有頗長一段時間，我都在思考這個問題，試圖找出一個看起來聰明或至少世故的解答。

最後，我發現根本沒有又聰明又世故的解答。答案其實就是我們的老朋友：「工作文化」和「人才」。先前已經談過很多有關工作文化可以帶來的轉型效果，以及足以讓同一個人變成像搖滾巨星一樣傑出，或是讓他成為一個輸家，重點在於制訂正確的工作文化。

另外一個因素就是「人才」。領導者得有能力去尋找、吸收並且留住好的人才，否則所有建立工作文化的努力都只是枉然。

我們都在尋求好人才

公司執行長的責任在於負責整體的表現、設定工作文化，同時確認聘用的所有人員都是對的。如果能做到這些，也就錯不到哪裡去了。但你並不需要先成為一流執行長，才能做到這件事，實際上，對許多領導者來說，這只是他們能發揮影響力，並有效控制的事情之一。用週末足球聯盟隊伍的教練舉例：為什麼本地的孩子會選你當教練？你要如何保持訓練過程多樣化、有趣，讓孩子無論颳風下雨或天冷天熱，都想要參加訓練而不是在家玩電玩？當然，多數領導者領導的團隊比週末足球隊規模要大，譬如學校裡的部門領導者，這些領導者有自己設定的目標，而他們吸引並保有最佳人才在團隊中的能力，就成為是否成功的關鍵。在許多組織中，團隊之間的成員通常可以自由流動，我也一再發現，有些領導者之所以勝過同儕，正是因為能創造出成員願意參與其中並共同努力的環境。

先前的章節已經說了很多，志向遠大又成功的領導者會建立起好的工作文化，同時吸引最好的人來追隨他。不過，這並不是件「有了也不錯」的事，而是一位領導者能達成個人目標的保證。每一位領導者都應該遵循三個原則：專注於核心目標；建立起正確工作文化；留住並聘僱、選擇、吸引最好的人才。

正因如此，我才反對創造一大堆工作頭銜，譬如說環境執行長、工作文化執行長（我還見過「幸福執行長」呢！）、人才執行長等等。一個執行長不能將工作文化、公司成長及吸引人才這些事委外處理，這三樣事情並不是成千上百需要煩惱的其中三件事而已，而是最重要的三件事。我曾問過一位執行長，是否知道手下最重要的二十個人是誰？他有點尷尬地望著我，說他幾個月前已經要人資部門提供資料了。這就是把前述事項外包的典型例子。

領導者需要自己的團隊，卻不能認為搜尋人才是其他部門的事，事實上也並非如此，因為這是每個組織的主要目標，所以當然也是領導者的主要工作。這個原則不僅適用於執行長，也適用於所有領導者，不論帶領的團隊大小；不管他的職務為何，所有團隊領導者都得負起責任，用心尋找最好的人才，雖然不一定能做到，也不一定會做對，但這是建立起強大團隊的唯一途徑。

我們身處的世界相當複雜又變動不居，人員和財務的流動也快速難料，在這種情況下，如何找到最好的人，並讓他們適才適所，融入有效率的工作文化中，就是領導者的主要工作。我甚至認為，與其把自己當作尋找、留住顧客的行業，公司其實更應該自認為是尋找、留住人才的行業。好的工作文化也許能造就一個好團隊，但若沒有好的工作文化及人才，就無法做到最好。這絕不是胡扯，找到對的人並建立起對的文化，同時專注於設定好的目標，好的結果就會出現。

這不是件容易的事，所以問題就出現了：一個能吸引並留住人才的工作文化究竟長怎樣？領導者又該怎麼做？多年以來，我努力想為自己和周遭許多領導者找出一個清楚可行、適用於所有人的方法，最後，我找到的方法是提出一個簡單的問題：

你對那些為你工作的人來說有多大的好處？

這句話有些拗口，但不妨仔細咀嚼一下：它其實強而有力。不論對誰來說，這都是個好問題，雖然我在營業公司的背景下提出，但此問題也能輕易運用到任何領導環境。

這不是在做診斷。領導者如果想好好培養及改善團隊工作表現，當然不能只自問這個問題，不過若你設定策略的一個主要部分是「人才的搜尋與保留」，那這個問題就問對了，而且你也應該要自問。

很顯然地，大家都希望領導者對「職業前程」有幫助，這裡的「職業前程」指個人和整個團隊結合在一起的共同野心與志向。如果你的團隊成員認為你是他們完成志願（不管它是什麼）的重要因素，那麼他們也會因此產生動力，進而茁壯、成長，我們希望為我們工作的人能如此，自己也希望能如此。記住，這件事跟「興趣」沒什麼關係。

反之亦然，如果團隊裡的人覺得我們對他們的前程沒有幫助，我們不僅無法留住優秀的人，也無法順利達成最終目標。

所以，前述的問題可以分兩方面來說，一是我們對團隊的整體目標可以有何貢獻；另一個則是我們對團隊個別成員可以有何助力，如果兩方面都能成功，就接近了我心目中的「完美領導」。另一方面，如果你做不好其中之一，甚至兩樣都做不好，就意味著你可能連自己的雄心大志都無力完成。

管理眾人的事情當然不止如此，但如果你只能問自己或周邊的人一個問題，那前述問題就是你應該問的。想像一下，若得到的答案是「非常大」，不就意味著你擁有非常棒的團隊嗎？

強大的團隊由強大的個人組成，他們會把團隊想達成的目標當成自己的目標

麥克・布瑞利（Mike Brearley）是英國板球隊歷史上最成功，也是最難捉摸的隊長之一。對門外漢來說，板球本身就是難以捉摸的運動，球迷著迷的也正是其無止盡似的變數及複雜性。其獨特性在於，雖然是團隊運動，卻在很大程度上要靠個別隊員與對手對決而取分。布瑞利本身是位受過訓練的心理分析專家，他一直很用

心地從內到外研究成功板球隊的結構及其領導系統，並推廣到各種形式的團隊。

布瑞利在他所著的《最佳狀態》（On Form）中寫道：「一個團隊其實可以說是一個人，因為每個團隊都有其個性、風格、行為舉止……有自己的弱點和強項……團隊是個比個別成員總和還要強人的個體，同樣的，每一位個人也是一個團隊、複合物，具有團隊的各項特質。」

就像牛頓（Newton）告訴我們白光由一串光束組成一樣，布瑞利也鼓勵我們把團隊中的成員，包括我們自己想成由個別元素組成：各有各的長處、趣味、弱點、信念及慾望，但我們在外表上還是一個同質體。如同白光通過稜鏡會顯出不同色彩，我們在不同時間、狀況及文化影響下，思維和行為都會有不同表現，正是在這種情況下，有能力的領導者可以創造出工作文化，從情緒或生理上去影響團隊成員的行為表現、信念及行動，協助大家完成整體目標。

書中其他部分也引述了心理學家、前奧林匹克擊劍選手皮耶爾．圖蓋特（Pierre Turquet）對於團隊失敗或成功的見解。圖蓋特把自私的團隊成員稱為「孤鳥」，而比較合群的成員則為「會員」。「孤鳥」會為了自身利益及榮耀而犧牲團隊，「會員」則會為了團隊犧牲自己，最後導致「乏味的一致」。

這兩種極端例子都很常見，贊同「乏味的一致」的人並不多，但許多領導者也認為維持前後一貫的團隊文化，和允許個別成員不循常規、自由發揮，似乎有所衝突，因而形成頗為頭疼的挑戰。

但圖蓋特認為還有第三種團隊成員，亦即「個體會員」，他們有自己的獨特性及風格，也遵循團隊的既定方向，全心全意為團隊的整體目標做出貢獻。

再次引述布瑞利於書中所述：

我們都必須為自己辯護，讓成長的同時凡事為自己著想……然而如果我們只做到這樣，發展就會受限。我們有時不能太自私，要犧牲小我來顧全團隊……有時我們則必須為了團隊的整體利益而限縮自己，沒有人能夠隨心所欲……但既然身處一個團隊，我們當然也能享受到團隊內其他人的支持，特別是個人遭逢困難之際。只有個人利益與團體利益獲得平衡，整個團隊才能贏得勝利。

就像我們必須顧及團隊整體目標，努力在個人利益及團體利益之間求取平衡，我們在組成團隊時也要努力求取平衡。團隊由許多人組成，他們都有各自的慾望、不安全感、激情跟恐懼，一個成功的團隊會讓其成員在不同時段裡，在團隊整體目標的範圍內，追求並實現個人願望，有些時候卻必須顧及團隊整體或其他成員的需要。有時我們要從前方領導，有時候也必須從後方領導，團隊裡的每一人都應該在不同時間做出貢獻，或從團隊獲取能量及資源。領導者的角色就是確認團隊裡的成員可以找到並維持這個平衡點。

多數時候，周邊的人可以有選擇權，而你身為一個領導者，也應該讓團隊裡的人有選擇權，也就是可以選擇留下或離開。前述說法似乎意味著好的領導者應該要盡可能創造出流動性高的環境，實際上並非如此，好的領導者應該創造出「大家都不想離開」的環境，這其實也顯示了許多現代公司聘僱合約的誤謬。若被聘僱的人感覺自己落入了無法輕易離開的合約陷阱，他就絕不可能成為團隊中盡心奉獻及高效能的那一位，因此，這其實是一種自我挫敗狀態，受害的不僅是其個人，也影響整個團隊的表現。

好的領導者應該努力創造出讓人願意主動加入的工作環境，同樣，也應該有可以離開的選項，由於領導者容易陷入只思考本身利益的陷阱，所以你必須時時提醒自己也應該關照為你工作者的利益。

薩拉森人橄欖球俱樂部（Saracens Rugby Club）是個好例子。這個球隊屬於歐洲最成功的橄欖球隊——連續贏得橄欖球最高榮譽歐洲盃的四個球隊之一。在此借用英國政治哲學家湯瑪斯．霍布斯（Thomas Hobbes）說過的話，這個球隊認為橄欖球員的運動生涯是「暴烈的、野蠻的、短暫的」，不管你是多麼成功的球員，運動事業也會面臨終結，然後呢？薩拉森人球隊鼓勵球員發展球賽以外的興趣，他們每個星期三休假，好讓球員去進修或從事商業活動，幫助他們獲得經驗和各種知識，以跨越橄欖球並開展另一種生活。直至現在，薩拉森人的球員先後開設了咖啡烘培公司、釀酒公司、餐廳、顧問公司、媒體公司及其他各種行業。薩拉森人球隊的前執行長愛德華．葛瑞費斯（Edward Griffiths）曾向《衛報》（Guardian）表示：「我們有個簡單的原則，就是你如果善待別人，他們就會心甘情願為你賣命。」

好的領導者能夠融合個別成員與整體團隊的需要。一個好的團隊由有能力的個體組成，他們視團隊整體目標跟個人想達成成就為互相依存。

千萬別忘記：一個「團隊」中有許多的「我」。

好團隊需要冷靜沉著的專業球員、特立獨行的攻擊手——以及一個他們重視的團隊文化

第四章裡提過「凱撒大帝」。對「凱撒」來說，所有不守規矩者都是威脅。我們已經知道組織並非機器，更不是一種威脅，在彼此聯繫順暢的組織裡（成員通常是很習慣網路世界的千禧世代），我們需要主動找出尼爾·弗格森（Niall Ferguson）在他所著《廣場與塔樓》（*The Square and the Tower*）中提及的「怪胎異類及不善於合群共事者」，他們通常習於挑戰正統，並已準備好自己來做領導者了。

從某方面來說，這是對現代領導者的最大挑戰，要包容那些不守成規的人，並努力在團隊裡保持成員之間的平衡，現實是，同質性高的隊伍很好帶領，但是不太可能會有效率。

好的領導者必須心無旁騖。我們不想平庸，要做就做到最好，但如果想做到最好，就要有激進的解決方案，而非溫吞的緩步演化。由具備各種特長的人組成的團隊，才更能提出激進的解決方案。

要建立起這樣的團隊本身就是個挑戰。找到特立獨行的人並非難事，難的是如何讓他們融入團隊中——這也是為什麼領導並非如此容易。領導者必須想清楚團隊需求及每個人能扮演的角色，有些人是適合方型孔的方型木樁，可靠也可預測；另一些則不守成規，可以自由發揮到處挑戰。以足球隊為例，一個成功的隊伍需要有可靠的後衛，根據既定的比賽計畫行事，同時也需要不墨守成規、特立獨行的鋒線攻擊球員。在九十分鐘的比賽中，後衛的打法是可以預測的，他們中規中矩做好防衛，但那些自由球員呢？他們可能有整整八十分鐘都表現得毫無頭緒，卻在某一刻突然有如神助，最後幫助球隊贏得勝利。但球隊絕不能厚此薄彼，讓後衛感覺自己是「二等公民」，因為所有球員都同等重要，關鍵就是要找出平衡點，最後讓整體成就大於個別總和。

多元化的團隊勝出

麥肯錫管理顧問公司在二〇一五年對三百六十六間上市公司做了調查，發現管理階層種族較多樣化的公司獲益高於中位數的可能性，與一般公司相較起來，高出了三十五％。我幾乎每天都見證這個現象，我見過多元的團隊，也見過同質性高的團隊，但多元化的團隊顯然勝過一籌。

所謂多元指的是各方面：性別、種族、社會背景、體能、性取向等等。有很多理由可以說明建立多元化團隊及公司是一件正確的事，不但對組織，甚至對整個社會來說都是如此。

不過，沒有人可以一直保持正確，我自己每天都在體驗其困難度，但這只是領導者需要面對的另一個挑戰例子而已。我們總是在登山的半途中，重要的是不斷地去改善：也就是「放手去做」。

解決此難題的最佳辦法，就是接受並主動提出一項事實，亦即一個組織的多元化不僅是缺乏代表名額的少數族群期望，也是所有關心組織整體利益者的願望（希望這已經把團隊中所有人包括在內，如果不是的話，快把那些未包含在內的人剔除）。這樣做也會使尋求更大程度多元化變成一個重要工作：如果做對了，就能有優異表現，這也是我們想要做到的事。

了解這一點是解決多元僱用難題的最迅速辦法。多元化確實是大家都想要的結果，但在考慮個別人員的僱用和升遷時，領導者有義務甚至道德責任去僱用最好的人，而無須考慮對方究竟是什麼人，這個論點反而常被用來維持現狀——最終導致團隊不那麼多元的結果。

當然這也是事實，沒有人希望自己獲得工作或升遷是因為自己的膚色或者性別。不過我們還是應該從團隊整體，而非個人角度來考慮，把建立堅實團隊做為組織基礎，就像完整的原子，應該考慮其基礎建構而非組成部分，所以，領導者該思考團隊整體需要，而非個別應徵者的背景、技術、性別、個性或其他任何因素。如此一來，最佳應徵者就是可協助建立起最佳團隊的人選，而這個最佳團隊就會是個多元化團隊。

但領導者也必須特別留意，不要讓原本立意良善的增加團隊多元性，無心造成分裂的結果。領導者的本意當然不會是在團隊中引發差別待遇，所以不應該只專注於多元化，而要同時留意包容性。創造出一個有包容性且所有人都能公平競爭的工作文化，才能真正成為多元化團隊。

確保機會平等

領導者必須了解，有些習以為常的傳統做法，例如固定工作日，實際上會讓一些人很難適應、配合，這當然也會對團隊整體效率造成不良影響。孩童照護就是一個例子，對大多數家庭來說，照顧家庭的責任落在婦女身上，這是複雜的社會問題，領導者應該對這些問題予以關注，同時找出結構上、文化上的解決辦法，讓所有人能在有效率工作的同時，扮演好父母的角色。關於此重要話題，我不準備再深入討論，但如果領導者沒注意到這個問題，也不會是位成功的領導者（將在第七章中加以討論）。因為這不僅是一件該做的事，也因為它會導向一個更好、更有效率的工作文化，讓你的團隊中最好、最傑出的人能夠做出最佳表現。他們之所以能做到，是因為你讓他們生命中各方面得以彼此融合而非互相干擾。

想要建立起良好工作環境的領導者必須注意三個問題，並將此做為團隊未來發展的必要需求：

1. 如何確認找到的都是最有能力的人？
2. 如何確保留住團隊裡最有價值的人？
3. 如何確保讓最值得的人獲得升遷？

這些問題看起來很普通，但多數的組織都要很努力才做得到，且經常無法抓住基本重點：保證所有人機會均等。許多團隊犯的錯誤是假定成員都應該想辦法自己適應團隊成規，而不是創造出以人為本的組織文化，來吸引並留住最好的人才。

在建立並維繫團隊時，領導者的目標應該是保證所有人機會均等：決定因素在於各人才能及對團隊文化的適應度。不過這件事也是說來容易做來難，且自我感覺良好的「我們都是這樣做」的方法，很快就會暴露出來。我們可以從另一個角度看以上三道看似熟悉的問題，其實也有其個人利益的一面。如果領導者想成為頂尖，就需要有最好的人；如果因為團隊成員結婚生子，而失去將近一半的人力，或進用新人的範圍過於狹窄，就有可能無法充分發揮潛能，跟其他團隊比較起來的表現也會遜色不少，特別是當其他人找到前述三道問題的更佳解決方法之後。

舉例來說，許多組織裡在薪水待遇方面都有性別差異問題，造成此現象的主要原因是資深女性工作者較難獲得晉升，因此流動性也高。如果能看清這一點，就可以設計出針對性的策略來縮小薪資差距。這是一個常見的問題，卻往往遭到誤解或乾脆被忽視。

實際上，對許多不同職涯階段的人來說，一體適用的方法往往會讓他們處於劣勢，舉例而言：

- 應徵最底層工作卻又「背景不對」的人（可以取消申請表上的學歷欄，鼓勵更多人前來申請，也藉此避免負責招聘者的潛在偏見）。
- 無法馬上配合一星期上班五天，每天從早上八點三十分到下午六點的工作時間者（譬如剛成為父母的人）。

- 必須照顧年長親人的人。
- 家中有孩子要參加大考而希望在家工作的人。

聰明的領導者知道怎麼尋找解決方法，這不但是應做之事，也同時跟自身利益息息相關。這麼做會讓領導者成為更受歡迎的僱主，確保能夠留住更多優秀人才，並讓最好的人才晉升到高層——這就是任人唯才的終極體現。

對於一個想長期保持良好狀態的團隊而言，「機會均等」是相當重要的概念。好的團隊一定唯才是舉，由最具才能、積極性的人組成。特別是現代，最有才具的人都很在意所加入團隊的工作文化和環境，且加入後也會不時拿自己的團隊跟競爭對象做比較。針對前述三個問題設計出有效的策略，有助於領導者根據自身需求建立起以人為本的工作文化，同時讓團隊成員能夠盡情發揮。能自稱在前述三方面都有優異表現的領導者可能並不多，但這確實是個值得追求的目標。一個能夠堅持尋找答案的團隊，通常是大家願意加入且不願離開的團隊，這就是領導上非常困難卻不複雜的典型例子。

就領導來說，首要事項是「認知問題」，其次是「了解問題」，然後有「架構清楚的計畫」，最後且最重要的「付諸行動」。

領導者應該問自己前述三項問題（招募人員、晉升員工、留住人才）並保證在可能的情況下一定做到機會均等，同時適度調整團隊的工作環境及文化，來配合手下的各種人才，包括現在已有及未來可能招募到的人才。

領導者可以有很多選項，但會面臨的最大障礙，不是在遇到問題時無法找出有智慧的解決辦法，而是沒有準備好採取必要的行動去解決它，特別是在墨守成規的環境裡，付諸行動始終是最困難的事。

領導者必須像盾牌，給團隊信心的同時也保護他們

沒有任何領導者是在真空的環境裡領導，孤立狀態下也不可能有團隊。每一個正在讀這些話的人都有工作要完成，也就是希望自己的團隊能有優異表現，並且隨著時間前進，表現也能日新月異。每一個人在企圖完成任務時，都會有客戶、競爭

者參與其中，不可能是孤立行動，但很多人傾向認為領導是單打獨鬥，是某個遺世獨立者的偉大舉措，且充滿內部權力鬥爭、團隊競爭及變化萬千的事件，大大影響著我們生活的世界。本書的目的是要告訴各位現實中的領導是怎麼一回事，以及解決方法又是什麼。

如果身為領導者的你都認為這是個混亂、複雜的世界，那些為你工作的人又會怎麼想呢？當然，領導者的一個主要工作就是為團隊帶來對問題的清晰看法，也正因為這個世界確實相當混亂也不夠完美，所以我才在本書中時時敦促領導者選擇簡單但志氣遠大的目標，去除無關緊要的枝節，專注於採取行動。不廢話的領導者知道，儘管盡了最大努力，組織可能還是漫無章法。

現在從兩方面探討一下領導者的角色：內在及外在。至今為止，本書的焦點還只觸及了領導者的內在角色，諸如訂定目標、工作文化以及策略，找出關鍵人才並建立起團隊。而一個領導者也必須關注外在世界，如果不小心處理的話，有些外在因素也可能會摧毀團隊。

你必須同樣努力去避免外在力量的影響，甚至讓團隊失去方向，否則投入再多心力去創造明確策略及工作文化，最終都只是枉然。

有能力的領導者必須創造出像盾牌一樣的屏障來保護團隊，使團隊不受到外界影響。至於領導者本人，應該像一個拳擊沙袋，吸收各方面訊息、構想、衝擊，謹慎過濾、篩選，如果發現有事物對團隊產生干擾，就必須予以阻擋。成功的領導者得專注於團隊最終目標，同時防止團隊因外界事物分心，就像「美國隊長」用他的盾牌來保護團隊。

請自問：你的團隊知道且相信你能照應他們嗎？這是一個簡單的問題，但對領導者來說，卻十分嚴肅，沒有人希望得到「不」的回答，但我們都經歷過回答雖然真誠卻不明確的狀況，說真的，沒人能真正照應其他人，這是很明顯的事，尤其是所謂的「領導者」。

請銘記在心：團隊要有很明確的目標及優先處理的事項，最有效率的團隊由充滿動力、才能高超，以及角色分工明確的人員組成，並根據既定目標做出表現，領導者的工作，就是在經常遇到挫折跟分心狀況的這個世界裡，確保整個團隊的目標清楚明確。

如果團隊之間的團結因外在因素產生嫌隙（有時這些因素也並非出於惡意），就會造成失焦、不安全感以及互相猜疑的結果。想做一位成功的領導者，光是在自身範圍內做出好計畫並切實執行是不夠的，還要能夠保護團隊不受外在因素影響，因為若疏於防範，訂定的策略就有可能無法成功，所以領導者應當專心一志，甚至狠心一點。

而你的團隊必須知道有你在後方義無反顧地支撐他們，你會盡一切努力維護工作文化、想達成的目標，以及一致同意的策略。

在這裡提出警告，領導並非爭取聲望或人氣的競賽。一個領導者在堅定維護團隊誠信時，有可能成為不受歡迎的人，但重點始終是團隊想達成的目標。有的時候，說「不」會是十分困難卻最有效的事，你身為一個領導者，能做的最佳貢獻就是建立並維持一個可完成任務的團隊——如果能做到這一點，其他都只是小噪音而已，根本無關緊要了。

如何錯過好人才

我曾跟許多公司領導者談過話，他們總喜歡提起挑選人才的過程是多麼繁瑣：每個應徵者必須通過各式各樣的檢驗，最後才能獲選。我也聽過一些應徵者可能一次要通過八至十個人的面試，「老天啊！」我心裡想，告訴我這些，不就是想強調你們有多重視這件事、多內行嗎？可對我而言，我只會認為你們沒有「做決定」的能力。

我的職場生涯至今約僱用了幾百人，我認為每僱用三個人之後發現其中一位確實很棒，第二個還算可以，但第三個實在不如預期，就算是做得不錯了。倒不是因為自己是否成功，而是出於觀察其他人的作法。如果你能做得更好，那就是超標的表現；比這個更差，也不算丟臉。聘用人員是一種藝術而非科學，在「做決定」上花的時間（前述例子裡的檢驗）跟是否能做出較好的決定，並沒有一定對應關係。雖然是拿聘用人員做例子，但也可以擴大到日常生活的更多方面。

另一點必須記住的是，在面對好人才時，不只是你在挑選他們，他們也在挑選你，而且可能比你的條件更多，在這種情況下，如果你的選才過程顯示出懶散或猶疑不絕，可能就會失去獲得好人才的機會。如何聘用人員也是形塑團隊工作文化的一環，而對應徵者來說，他們也會以此檢驗你們的工作文化。如果你不把聘用人員也當作競爭的一項優勢，或者根本不知道這件事如果做不好，也會讓你處於劣勢，你就會輸給比你做得好的人。

如果你無法保證自己及周邊的人在聘用人員時做出好決定，那麼你就應該聘用自己信任的人。就這麼簡單。

去除不對的人跟聘用對的人，都有徹底改造組織的效果

「你最重要的資產（人才）到頭來還是會出現。」還有什麼話比這句話更陳腔爛調呢？我承認，確實還不少。

人是很複雜的生物，我們都一樣：我們為之工作的人，為我們工作的人，我們的客戶、同儕和家人。我們很容易忽略，其實大多時候，我們同時扮演了上述角色，我們同時是老闆、團隊內的一份子，也都是顧客、家庭成員以及同儕。

成功的領導者要把這些複雜的成員組成一個團隊，檢驗團隊成功與否的方法，就是在他的領導之下，團隊必須勝過競爭者，並能適應新的行為模式，隨著環境轉變而不斷改善、進化。這些，都是對領導者的一大挑戰。

因此，不廢話的領導者必須在前述的老生常談裡再添加一些注意事項。認同現在最重要資產（人才）終於出現了，必須投入很多時間讓這些人產生工作動力及感受努力付出後的報酬。然而同時也要注意，不錯，需要的人才已經到位了，但伴隨而來的也許不是資產而是負債。

對我來說，只談團隊裡是否有好人才，而不去面對更棘手的問題，毫無意義。對很多領導者而言，找出誰是團隊中的負累，同時將其去除，無疑是件實際上甚至情緒上極其難處理的事，也可能是進行變革的最大障礙。商業書籍很少觸及解聘人員可能給組織帶來的改變，其實所有領導者都知道這一項事實，卻不太想去碰觸這個禁忌。許多組織跟領導者都避而不談，並企圖掩蓋，可是問題又一直存在。商業書籍的焦點都放在「人才」上，對於建立頂級團隊時可能遇到的不愉快情況，卻不怎麼想去觸及。

不過，網飛（Netflix）一份名為「網飛工作文化：自由與責任」（*Netflix Culture: Freedom & Responsibility*）的公開文件倒是一個例外。這份文件很長，我並非同意當中提到的所有觀點，但它確實為創造令人欽佩又高效率的環境，提供了一個非比尋常、具啟發性的方法。有興趣的人可以到網路上搜尋，也可以藉此形塑你自己的看法，它提到的一個關鍵觀點，就是前述可能讓人不太愉快卻又很常見的事實：好的團隊及工作文化不但需要聘僱好人才，也要能去除不對的人。

避談此問題的一個常見理由，就是它會讓你原先想要激勵的團隊成員感到不安和害怕。我承認這確實是個風險，但讓我們暫時從不同角度來看這個問題。來看看傑克的例子。

傑克是你組織裡的資深人員，做事認真負責，但其他人都不喜歡跟他一起工作，他帶領的團隊成員流動性也很高。他似乎熱衷於你的策略，但不知是有意還是無意，儘管他很能指出別人犯的錯誤，卻似乎不願意或不能改變自己來配合團隊需求。另外，儘管客戶對你的組織時有批評，他們卻很喜歡傑克也信任他。

其實每個團隊裡都會有像傑克這樣的成員。好了，現在領導者面臨了真正的挑

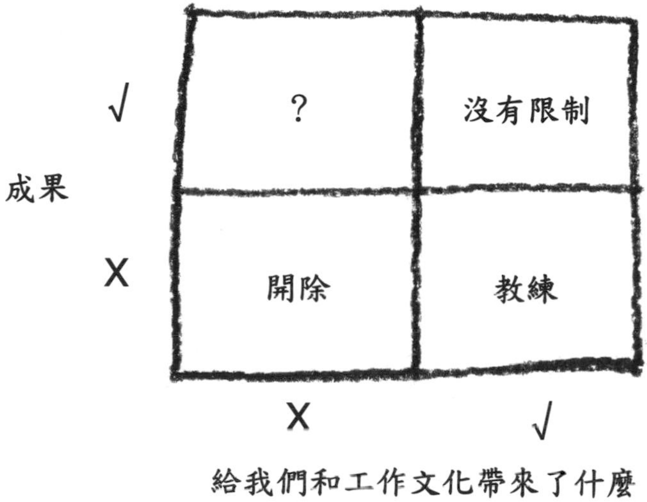

戰：你要怎麼處理傑克？

傑克・威爾許（Jack Welch）曾是奇異（General Electric）的執行長，當年奇異是世界最大的公司（那個公司動態對股票市場有很大影響的年代）。威爾許是那種美國以外地區的人不太熟悉，有如搖滾明星類型的執行長。客氣一點地說，他是一個頗有爭議的人物，很難相處，卻十分成功，許多為他工作的人也都對他很忠心。

有一年，威爾許製作了上述方格圖表，他把團隊人員分成四組放進圖表裡的方格，同時註明採取的行動。對其中兩組人採取的行動是很清楚的：左下方格子代表被開除，右上方格子代表晉升。然而，對另外兩組人的處置就不太清楚，這兩組是每個領導者都很熟悉，卻又覺得很難處置的人。

威爾許認為右下方格子裡的人應該負起承接企業的責任，並給了他們一個名稱：教練。

最後就是左上方的格子：傑克就屬於這個格子。所有公司都有傑克這樣的人，他們也是領導者最難處裡的人：對於這些有工作效率卻又不遵從工作文化的人，你該怎麼辨呢？威爾許稱得上是精明商人裡最精明的，結果他發現不管是任何商業組織，只有把傑克這樣的人開除，整個團隊才有機會做出真正改變，而且屢試不爽。這確實是個大膽的決定。

威爾許所說的其實是，一個團隊能否有所表現，取決於該團隊是否維持前後一貫的工作文化。在這裡要借用美國廣告大師威廉·伯恩巴克（William "Bill" Bernbach）的話：「在你付出代價之前，工作文化根本稱不上是文化。」也許你相信強而有力又前後一貫的工作文化是團隊動力，也許你根本不信。

我們也該常常提醒自己，究竟誰最容易受到傑克的惡劣影響，不見得是擔任領導者的你，這一點應該無庸置疑。在一個組織裡，領導者很少會第一手體驗到行為惡劣者造成的結果，事實上，這也使得領導者很難發現並糾正他們的行為。領導者不會直接被霸凌；不會親眼目睹有人在工作上佔別人的便宜；不會下班之後還留下來工作到深夜，只因為有人在白天時用毫無新意的藉口耽誤了工作。

領導者通常可免遭受這些每天上演的沮喪事，另一方面，傑克這類人也很會應付上級——我們不就經常受到蒙蔽嗎？其實，組織裡最受罪的那些人，正好就是領導者應該去解救的人，亦即那些每天跟傑克一起工作的人。他們才是那些真正氣餒的人，且認為領導者先前提到有關工作文化的話，全是些空話，因為只要傑克能得到客戶歡心一天，他就依舊可以隨心所欲。工作文化就是管理階層的行為表現，如果傑克可以為所欲為，不就代表是管理階層的意思嗎？伯恩巴克實際上說的是：「如果你沒付出代價，就不會有原則。」

在短時間裡，如何處理傑克會是件痛苦、困難，甚至必須付出代價的事（雖然根據經驗，要付出的代價通常不會比想像中的多），除非你真正去做，否則工作文化很難會有所改變。如果真正去做了，跟傑克一起工作的人一定會很高興，因為你為他們的工作生涯帶來了改變，這個小小的改變其實意義重大，為整體工作文化的重大轉變跨出了重要的一步。這就是威爾許那個方格圖表帶給我們的真正教訓。

我在對許多團體演講時都用上了這個方格圖表，我敢說不論階級為何，絕大多數的人在看到「開除」這個字眼出現時，都不由自主地顯現出有點畏懼、退縮，就好像看別人打針一樣的反應。這是可以理解的，然而我深信，為了建立起高效能團隊，必須要開誠布公，大家坐下來好好討論每個人的工作前程。領導者不能任性、不懷好意，甚至像傑克那樣不顧他人感受，而必須坦率真誠地面對團隊共同相信的價值觀及行為表現，這個態度攸關團隊的成功與否。他們必須像英國奧運代表隊一樣，創造出屬於全體成員的工作文化（見第四章），而整個組織也必須為這個工作文化負起責任，在此情況下，對不願參與者的任何處置，都無須再討論或爭論。

這是否意味著那些人就是不好的人？當然不是。我們都曾經跟某些不適應組織的人共事過，他們也許在其他組織裡卻適應得很好。只不過身為領導者，這並不是你應該關心的事，你該關心的是在面對團隊、工作文化及行為表現各方面都毫不含糊，這樣才能走向成功。這些行為表現及價值觀並不屬於你而屬於整個團隊，因為一個好的團隊所要的就是成功。

如何進行「困難對話」——同時確認你辦得到

有多少事情曾經列在你的應辦事項，但最後沒有去做？有些關於領導的百萬暢銷書，只是長篇累牘的指令，告訴你不要迴避列出的困難工作，要先設法解決、完成。但真實狀況是，我們都傾向於把困難的事情延後處理——我現在可以想起自己就有幾件這樣的事項。對許多人來說，最常迴避的就是跟別人進行「困難對話」。

當然，所謂的「困難對話」也有程度高低之分，但多數人都習慣閃躲或者含糊以對。建立團隊的一個主要工作就是跟他人持續正式或非正式對話，主題則是「你在想什麼？他們在想什麼？你做得如何？他們又做得如何？」有本名為《一分鐘經理人》（*The One Minute Manager*）的書相當精彩，如果你對這個主題有興趣，不妨一讀。

關於「困難對話」，我聽過的最佳意見是：去談就對了。通常人們會煩惱，如何好好說出有可能導致不舒服感受的話，但請記住，我們都會為了不同事情感到不舒服，典型的例子有：上司要求你對一份報告做出回饋；處理一位麻煩的客戶；要求上司為你加薪、升官（順帶一提，就算別人真的很不喜歡你對他們說的話，但他們對你所說話的反應，經常跟你原先預期的相差很多），但不管別人的反應為何，你都必須先開個頭，到頭來最好的方法也就是硬著頭皮面對，儘管可能很尷尬，但總得先開個頭。

如果你能把話說得漂亮，當然更好，只不過多數人都把「不會說漂亮話」當做不去對話的藉口，這才是最糟糕的結果。一個雖然笨拙卻真誠的對話，可以讓相關人等的關係、行為以及相對滿意度產生變化，就算只是說出心中的話，也可以開啟消除壁壘的討論：許多事情都是互相的，很少出現只有單邊的情況。

好的領導者會和他的團隊進行有建設性、坦率的對話，同時也會鼓勵他的團隊成員間進行同樣的對話。如果必須觸及一些困難話題，即使你口才欠佳，最好的方法還是坐下來、開始說，這遠比不開口好得多，你永遠想不到，一旦你開始之後，對話就會變得美妙，結果也會出乎預料。

一般人通常會擔心，在情緒激動的時刻，也許無法清楚表達。有個簡單的準備方法是預先寫下想談的事情，這可以使你在真正進行對話時避免不必要的重複，且提升效率，更重要的是在事前幫忙整理思緒，讓自己更有信心，而不是沒準備，在談話進行得心慌意亂時，才試圖理出頭緒。事實上，這個方法在許多情況下都很有用，還可以扭轉形勢。此方法也適用於一對一談話、團體對話、公開場合發表，甚至電話對談。

現實中的每一種情況都有其獨特性，你必須確認自己能心平氣和，又很清楚地陳述想表達的話，至於是否能達到談話的目標，那是另一回事，但至少你知道自己很清楚、專業地表達了意見。最糟的情況是，你在事後才了解自己應該怎麼說，以及說什麼（我們都有過這種經驗，不是嗎？）準備的時間絕不會浪費，記得用簡單明瞭、禮貌直接的語言寫下想說的內容，這是最簡單的表達意見方法。你也可以請同僚、朋友或指導者協助，讓訊息以正確的方式傳達出來。

所有對話都牽涉到最少兩方，而對方通常對事情有不同看法，唯一可以確定的是，笨手笨腳但簡單清晰的起頭，也好過完全不開始。缺少正確的對話，想讓事情前進就會很困難。

人才是借來的

別騙自己了，真正傑出的人才很難找得到。在大多數的情況下，同一個人在不同團隊及環境裡，工作表現也會有所不同。這是好事一件，也讓人心懷希望，這也是工作文化展現其威力的時候。

不過，我們還是期待團隊中能有幾個明星，人數不用多，但他們有能力改變團隊整體的工作表現。

領導者應當把他們找出來並好好珍惜，但也必須認清現實，「偉大的人才是『借來的』」。團隊領導者常會忘記每個人都可以有選擇權，且愈有才能的人，選擇就愈多。這些人留下來，是因為他們願意留下來，一旦他們不想再留了，你的麻煩就來了。

有很多公司的負責人自認為很有權力，因為他們是聘用人員時做決定的人。但實際的狀況是，如果你想吸引最好的人才，其實是要推銷自己而並非收買他們：最好的人才本身就有很多選擇，如果領導者或僱主的表現欠佳，他們就會用腳投票走人，而對一個團隊來說，關鍵人才出走對工作表現造成的傷害會立即顯現，根據經驗，這比失去最大客戶的傷害還大。可是，多數領導者卻在滿足關鍵客戶一事上花了太多時間，相形之下，反而不重視自己的關鍵人才。聰明的領導者應記得，在現今世界，人才流動並不下於客戶流動。

聰明的領導者一定會知道自己擁有的關鍵人才是誰，且不僅要知道人才是否滿足現狀，也得了解他們中、長期的野心為何。你了解得愈多，就愈能幫助他們達成心願，或至少在事前能有所準備，不會在無法達成時手足無措。如果這些人才選擇離去，也應該好聚好散，不要像多數情況，變成不愉快的分手，使得雙方都想給彼此造成傷害，如此一來，免不了變成雙輸的局面。

最後要說的是，有太多僱主及領導者表現得像是手下都「屬於」他們。其實協助並讓員工滿足在工作上的野心，鼓勵僱主及員工發展出平等的關係，才能讓雙方都獲得滿足與成長。有效的工作文化不僅要能增進團隊整體表現，也要能夠吸引個別人才，並讓他們發揮最好的個人表現，花上兩年也好、二十年也好。當分歧出現時，人才會離去，這個時候新的機會就留給新人。

最後，別忘記還有「輕鬆對話」

如果領導者一直陷於「困難對話」的煩惱中，常會忘掉其實還有「輕鬆對話」可以選擇。

其實對大部分團隊成員而言，誇獎、稱讚他人的機會遠比貶損來得多，只不過領導者經常忽視了它們。

正面回饋是建構工作文化最有效也最有回報的方法。有效能的領導者在混亂喧鬧中會記得說一句：「幹得好。」很多人忽略了這類簡單的話語與行動其實很有用。

我們再簡短地回頭談談傑克．威爾許，他就是一個習慣用字條讚美、鼓勵部屬的領導者，並以寫過成千上萬稱讚字條傳為美談——他的部屬很珍惜這些字條，許多人還一直保存至今。

「感謝」總能讓事情順利完成。

不說廢話

第5章　做領頭羊

多數組織只是擠滿人的建築物，究竟是什麼讓某一個勝過另一個：人才和文化。

➔ 好的工作文化也許可以造就一個好團隊，但如果沒有好人才，就不可能成為最好。

➔ 我們都在尋找人才：你對那些為你工作者的前程有無任何幫助？

➔ 強大的團隊由強大的個人組成，他們會把完成自己遠大志向跟團隊整體目標結合在一起。

➔ 好的團隊需要有冷靜的專業人士、不按牌理出牌的攻擊手，以及珍惜兩者的工作文化。

➔ 多元團隊才會勝出。

➔ 要達到機會平等，你必須自問如何：

＊聘用最能幹的人員

＊留住最有價值的人員

＊提升最值得晉升的人員

➔ 領導者必須像盾牌一樣保護他的團隊，同時給予信心。

➔ 除去不對的人與聘用對的人對改造組織有同等功效。

➔ 確認你不會逃避「困難對話」（你的團隊也不會），但也別忘記你有「輕鬆對話」：「感謝」總能讓事情順利完成。

第 6 章 能量與韌性

逆境才會使人變得更好。每一次失敗，每一次心碎，每一個損失都包含了可萌芽的種子，包含了如何改進下一次表現的教訓。

——非裔美國人民權運動者麥爾坎・X（Malcolm X）

如果你想成為一個更好的領導者，就要準備適應可能與必然會發生的犯錯及失敗，讀者可以輕鬆愉快地坐在通勤火車上，一邊咀嚼洋芋片、一邊閱讀、一邊點頭稱是。但現實情況經常截然不同的兩回事，因為所有領導者都要有能力應付、努力度過困難的時刻，並從中成長。身為領導者，有一件事是確定的，那就是艱難的時刻一定會到來。

領導就像登山，領導者必須說服其他人這座山值得爬

領導就像站在山谷裡：四周都是山丘，只有你身後的路是蜿蜒往下。對領導者來說，前方的路都是往上。登山是個能讓人十分興奮、有意義的活動，同時也相當艱鉅——這就是領導者會有的感受。

好的領導者會把團隊帶到可以看見山峰的地方，但並非登上峰頂，因為一旦覺得自己已到達巔峰，剩下就只有下山的路了。領導就像是登山，領導者必須說服其他人，這是座值得爬的山。領導者要確認團隊成員都安全無虞，當他們摔倒時，扶他們起來；當他們的腳步放慢時，為他們加油打氣；當他們心存懷疑時，幫他們重建信心。領導的工作就是帶領團隊越過一座又一座山丘，在每個人都以為已經完成任務時，用手指著遠處的山峰說：「我們再去登上那一座。」

領導跟登山一樣需要具備很多技能，其中有一個絕不可缺少：準備應付非常、非常困難的工作。我們現在再回到麥克．布瑞利，他曾經引述知名英國劇場導演凱蒂．米契爾（Katie Mitchell）的話：

一個導演做的工作有九十八％是苦工。有個很流行的說法，就是導演都會在晚宴聚會上打哈哈，或者到公園去散散步尋找新靈感，這些都是過於浪漫的說法，事實上，前面所說的事只佔了我工作的大約二％，有時候確實會有靈光一閃的時刻，幫助我更清楚地把作品表達給觀眾，但我從來不倚賴，也不會告訴自己一定會碰到這種時刻。我每天起床後就是努力工作，希望把劇本做得更好。

機會來自於艱苦的工作——美國知名演員艾希頓．庫奇的生命體驗

二〇一三年時，艾希頓．庫奇（Ashton Kutcher）再次得到一座青少年獎，台下擠滿了粉絲，他在要求群眾安靜之後，發表了一個簡短卻讓人印象深刻、有關生命的演講。我不太清楚當天觀眾有沒有特別注意他說的話，也不確定自己是怎麼找到這一段影片的，但確實值得一看。

他一開始告訴台下觀眾，他的真名並非艾希頓而是克里斯（Chris），他要告訴大家他還是藉藉無名的「克里斯」時，學到的生命教訓。

以下是他對於「艱苦工作」的說法：

我十三歲時得到第一份工作，就是幫我的父親把瓦皮搬到屋頂上。

接著，我在一間餐廳做洗碗工。

後來在一家雜貨店附設的簡餐餐廳得到一份工作。

然後，再到一間食品工廠做工，負責清掃落在地上的麥片圈碎屑。

我從來不覺得自己應該獲得更好的工作，我能獲得工作，只是運氣好而已。

我獲得的每一個工作，都是下一個工作的墊腳石，只有在確認得到下個工作時，才會辭去現在的工作。

所以對我來說，機會來自於努力工作。

我們可以從艾希頓／克里斯的身上學到，機會其實來自於努力工作。實際上，努力工作也是領導者在語言或行為上應有的表現。不過，領導者還是應該自問：要怎麼確認努力工作一定會有報償？畢竟，固然知道努力工作是領導者手上的籌碼，但如果不夠小心謹慎或擁有足夠的策略，還是有可能白費力氣。

有經驗的團隊會知道前方道路崎嶇不平，因此不管技能如何、做出多大努力，都不保證一定會成功。就算真的成功了，其中有些努力還是會白費，只是無法事先預測是哪一部分，無須抱怨——那是無可避免的——而是要訂定清楚易懂的目標和策略，盡可能把努力白費的情況降至最低。我們可以研究一下這個被稱做「痛苦報酬率」（Return on Pain）的方法（相對於同樣也有作用的「投資報酬率」（Return on Investment））。「痛苦報酬率」意味著不管成功或失敗，贏得勝利或輸掉比賽，過程可能都同樣痛苦。然而，如果成功了，高痛苦報酬率會讓人覺得痛苦是值得的。反之，感覺就不會那麼好。

我們可以想到各種適用於上述規則的案例。在我從事的行業裡，都是通過爭取客戶得到成長——說得再直白些，就是學習怎麼搶奪競爭對手的客戶。這很殘酷無情，不管什麼規模的公司都是如此運作。爭取客戶的過程相當艱困且讓人耗盡精力，但每一個想蓬勃發展的公司都必須學會怎麼去駕馭。我自己就參與過許多次競爭，有時做得很棒，有時簡直是災難一場，但花掉的精力跟努力卻相差無幾——

就是先前所說的「痛苦」。這種競爭過程像是一級方程式賽車：風險很高、耗資不菲，參與比賽的隊伍都有一定規模，成員也很複雜，比賽結束時，勝敗之間的差距非常小。唯一不同的是，一級方程式有第二名，商場上的競爭卻沒有。所有的商業競爭都要是勝投，我問的第一個問題永遠是：「我們準備好盡全力去贏了嗎？」這並不是無關緊要的小問題。首先，我們需要找出怎麼做才能勝利（這就已經不容易得到答案了），然後，我們是否有能力，也願意去做。

就領導來說，這些似乎都是很普通的問題，但我發現答案並非這麼明顯，很多時候也回答得言不由衷。這又是「做對了」並不等同「贏了」的另一個例子。所謂「勝投」跟是否做對無關，而與「贏」息息相關。

再回到「痛苦報酬率」：首先，團隊應該明白，如果要努力打好一場仗，就必須盡全力贏；其次，他們必須確認自己願意去做，才有機會獲得高痛苦報酬率。如果沒有準備或能力去做，就不如什麼都不做，好好享受週末，把精力留待下一次，因為失敗會導致非常低的痛苦報酬率。

把痛苦報酬率維持得愈高愈好，要達成這一點，就必須聚焦於「如何」以及「為什麼」要耗費我們的努力。浪費時間是很容易的事，更糟的是任由別人來浪費你的時間，難處在於：如何確定別人會給你好報償？

卓越的平凡性

我們要的不僅僅是機會（雖然真的需要機會，而且是很多、很多的機會），總不希望自己一天到晚汲汲營營，卻沒有方向及回報。我們要的是前後一致的高痛苦報酬率，希望自己能做到最好，也希望團隊能做到最好。期望自己處在一個充滿人才的的團隊裡，但究竟誰是人才，又要如何去找到人才？

漢密爾頓學院（Hamilton College）的教授丹尼爾．張布利斯（Daniel Chambliss）曾和一群游泳選手共同生活了十八個月，希望能找出答案。他當時著手一項研究，找出世界級的選手需要具備什麼條件，以及他們跟普通人有什麼差別，他還為了讓我們這些普通人不要放棄希望，特地創造出一個有點假惺惺的名詞——「卓越的平凡」。

他選擇游泳這個項目，因為成敗非常明顯而差距又十分些微，往往是以千分之一秒來計算。在這種情況下，他可以很精細地分析「很好」跟「非常好」之間的差異。

他有三點非常有趣、超乎一般想像又發人深省的發現：

1. 所謂「天分」是我們對自己講述，關於他人表現的故事

「天分這個概念其實常讓我們模糊了對『卓越』的理解……我發現，表現卓越的人並非我們想像中的那些『異於常人』者。」

換言之，從游泳池此端以令人難以置信的優雅姿勢，輕輕鬆鬆游到彼端的人，根本就不是超人。其實是我們賦予他們超脫塵世的天分，以便讓自己有藉口不去努力達到完美的境界。丹尼爾告訴我們，其實我們也可以做到，只是選擇不去做而已。「天分」是一個藉口，用來解釋我們的「不願意」而非「不能夠」。

2. 學習愛「過程」而非「結果」

「在較高的層次，會出現態度倒轉的現象（譬如A段班和C段班之間），亦即其他人認為無聊、乏味的說法，他們（A段班）反而會覺得平靜、值得深思、充滿挑戰甚至有療癒效果。很多人認為頂級運動員為了完成目標而做出許多犧牲，其實是不正確的……他們根本不認為那是犧牲，反而很享受，很喜歡。」

事實上，對他們而言，重要的是「過程」而非「最終目標」。有在追蹤網路社群領袖蓋瑞．范納洽（Gary Vaynerchuk）的人應該很熟悉這類觀點，他經常貼文要數百萬的粉絲不要太專注於成功或失敗，而是給予兩者同等重視，把它們當作成長及學習的必要過程。范納洽把這件相對嚴肅的事情遊戲化，以「運動」為例告訴我們，如果想要持久保持興趣並在其中成長，必須學習熱愛運動本身，而非只是拚老命讓身體分泌多巴胺來贏取勝利。對他而言，最終勝利是學習「愛過程」，因此別人認為痛苦又充滿壓力的折磨，在他眼中僅是玩一場遊戲罷了。

3. 卓越是一連串平凡作為的累積呈現

「高超完美的表現實際上就是一連串小技能匯集起來的結果，有些個別動作會失敗，有些可以累積經驗，然後逐漸形成習慣，最後成為完美合成體。組成完美合成體的個別行動並無特別之處，更談不上超乎常人的非凡之舉，它們是前後一貫正確執行，總結起來創造出『卓越』。」

我們認為超凡的才能，其實是許多一般的小動作或技巧的累積，這些動作或技巧同時並進，造成一種無法企及和固有天生能力的幻象。

張布利斯教授也指出，卓越來自於努力、接受、享受過程（較不成功者通常認為過程很辛苦、勉強），以及多次進行的一般技能。

此結論意義非凡，因為我們想成為更好的領導者，想幫助別人達成願望及目標，並建立起世界級團隊。我們認為人才當然有其特別之處，但通常不是我們想的那樣。他們之所以不同，在於對事情的投入、對過程的享受，還有執行無數小技能的累積。他們不是天生就會做這些事，所以我們也不需要為自己不能而沮喪、鬱悶。沒有人天生就會，有才能的人通過學習才會，你當然也能。

這也許出乎意料之外，卻是所有人都該熱情擁抱的結論，尤其是希望能自我改善的人，包括領導者。

希望團隊成員不是由「排水管」組成，而是由「電暖器」——進入辦公室就能改變氣氛的人

領導者帶的是團隊，團隊由許多不同的人組成，是比團員個人更複雜的有機體。成功的領導者有能力了解、管理個人及團隊的成長，其中一個重點在於如何處理集體發出的能量。要實現「偉大」是艱鉅的工作，但成功的領導者應該認清，如果不能盡速獲得成果，或團隊動力無法有效發揮，就會是一個耗損的過程。團隊要能在痛苦報酬率處於低潮時維持並擴展動能，簡單來說，就是幫助成員在面對隔天的重要會議前，有辦法度過漫漫長夜。這也是領導者的責任，他必須建立有能力自我支撐、充電的團隊。

我們都有過這樣的經驗：大半夜了還在辦公室裡，日光燈在頂上發光，腦袋疲憊不堪，桌上是涼掉的咖啡及吃光了的空披薩盒，大家的脾氣變得焦躁，做決定的最後期限愈來愈近。這時亞當走進來，現場的氣氛會變成怎樣呢？高昂或繼續下沉？亞當會是一個「電暖器」還是「排水管」？

如果要選心臟外科醫師或是飛機駕駛員，我會在意「技術是否高超」，不會太關心其個性。然而現今很多任務及角色，做事態度的重要性遠超過技術層面，特別是必須負起更大責任、薪水也更高的人，技術部分並不難學，真正難取代的是經驗以及面對問題的態度。我們希望團隊裡的人，不管職位高低或背景差異，都可以帶來正能量，這也是成功團隊文化的命脈。

「排水管」類型的人會讓團隊的能量流失，他們個人也許很傑出、頗有野心，做的也都是對的事，卻會傷害團隊元氣，吸走其他人的能量，當他們走進辦公室時，氣氛會變得更糟，原本就難以捉摸的答案，此時更是消失無蹤了。

「電暖器」類型的人會帶來能量，我曾跟這樣的人共事過：雪柔似乎天生就知道她在團隊裡應該扮演什麼角色，也知道團隊需要什麼才能成功，在不同團隊裡，她的角色也會跟著轉換，因為每個團隊走向成功的條件都不相同。這是個顯而易見的事實，卻很少人能夠了解並做到。大多數的人最多只能努力扮演好一個角色，這並不是指雪柔一個人就能擔任各種角色，而是她有能力察覺問題所在，並想辦法解決，或找到有能力的人來解決。

團隊是完成被賦予工作的有機體，工作才是目標，而非團隊。雪柔很清楚這一點，所以她能夠做必須做的事，讓所屬團隊趨於完滿。

想做到這一點，有時要用胡蘿蔔，有時則要用到棒子。我想起電視喜劇《幕後危機》（*The Thick of It*）裡那位口無遮攔的政治顧問馬爾科姆・塔克（Malcolm Tucker），他在劇中對心腹說道：「我想用胡蘿蔔加棒子的方法。我要給他當頭棒喝，然後再用胡蘿蔔插進他的屁股。」至於雪柔的作法呢？有時候她說起話來相當嚴厲，但當大家工作得很晚，精神低落之際，她會說：「有誰想要喝杯茶？」團隊都很喜歡跟她共處一室，當她開門走進辦公室的時候，問題的解答也跟著靠近一步了。她就是個「終極電暖器」，她一離開，就開始降溫了。

總而言之，正能量永遠勝過負能量，個人的態度常常可以帶動整個團隊。我曾共事過最有價值的團隊成員有些很資淺，他們是本能上就知道如何成為團隊黏合劑的人，讓原本過度自我又無安全感的團隊在他們的影響下變成一個整體。他們的作為跟研究個案上寫得天花亂墜的創造力、經營策略等等毫不相干，反而都是些不招搖，卻可以讓別人發光發亮的事。他們會很自然地發掘團隊裡其他人才，就像水流過裂開的地板，會自動把裂縫填滿。

我們希望團隊是由「電暖器」而非「排水管」組成，我們要的是一走進辦公室就讓其他人感覺更好而非更差的人。

領導者應該像「金頂電池兔」，在其他人都被推倒後，還不停敲著鼓

領導者必須是領頭的「電暖器」。如果某一天早上過得很不順，也不能煩躁懊惱、雙手捧頭、坐著大聲咆哮或悲鳴：「我真是太倒楣了！」領導者必須在自己的感受，以及做為讓團隊成員倚賴，為他們帶來指引、安定的燈塔之間求取平衡。你的團隊仰望你，如果你覺得失落，他們也會感到茫然；你顯得洩氣，他們也會失去信心。當然，你是人，自然會有情緒，假裝不在乎挫折有時比反應過度更糟。偉大

的領導者要有能力應付英國詩人吉卜林（Kipling）在〈如果〉（*If*）一詩中描寫的困境：「如果你同時遇見勝利和災難，就將它們等同視之。」

回頭談談布瑞利。這一次他引述了知名電影導演史蒂芬・佛瑞爾斯（Stephen Frears）說的話：「領導者必須同時有現身及隱身的能力，也就是他要有能力在日常做出貢獻並發揮主導力量，但同時也要能夠置身事外，去關照外界更大的願景、前程。」

從某個角度來說，這也是件感覺容易，做起來卻很困難的事。

電影《神鬼獵人》（*The Revenant*）裡，李奧納多・狄卡皮歐（Leonardo DiCaprio）扮演的角色經歷了壞運、意外、背叛、攻擊等等既古怪可笑又令人震驚的遭遇，這是一個有關出賣、試煉、報應的史詩級電影，身為領導者，你不需要像電影中的主角一樣躲避印地安人的追殺、騎馬跳過懸崖，或者跟暴怒的黑熊拚搏性命，但有時候你的某一天、某星期或某個月確實可能像他或電影《社群網戰》（*Social Network*）中描寫的一樣，遇到種種麻煩。

諷刺的是，領導有時確實像「排水管」，因為這是件很消耗能量的事。若有必要，領導者必須像「金頂電池兔」一樣，在其他人都不支倒地後，還能不停地打鼓前進。然而人的精力畢竟有限，這也是為什麼能分擔勞苦又能幫忙充電的人，對我們與團隊是有價值的。一個缺乏能量來源的團隊很快就會衰頹甚至消亡。

失敗無可避免，如果無法輕鬆以對，就很難獲得成功。失敗了，就爬起來繼續前進

才能就是能量，能量就是才能，其實每個人都有，但領導者應該小心保護自己的才能和能量儲備，分享時也要用點腦筋，同時尋找其他人及機會來為自己充電。

領導一定會遇到挫折，遇到挫折時如果不能拍拍灰塵重新站起來，就無法領導團隊。有一句格言，精簡說明了領導者應有的態度：

失敗為成功之母。

瑞士網球好手斯坦・瓦林卡（Stan Wawrinka）把薩繆爾・貝克特（Samuel Beckett）的詩句刺在左手臂內側，好在每次發球時都能看見並警惕自己：

不斷地嘗試，不斷地失敗，沒關係，繼續努力，繼續失敗，你就會失敗得更好。

失敗在所難免。如果在遇到挫折時無法把它放一邊，並站起身來繼續前進，你就無法進步。跟各行各業的人談一談，從作家到演員、從企業家到運動家，問問他們怎麼辦到的，他們會告訴你，最初遇到的種種困難及如何遭人拒絕、排斥，工作或練習至深夜，甚至其他更糟的情況。領導就是不停往上攀爬，沒有堅強的韌性就不可能有偉大的成就；沒有一定程度的頑固毅力就永遠到不了頂峰（或是下一個山峰，再下一個……）如果努力工作是領導的體力表現，韌性就是其心志體現。

如果領導沒有帶來困難甚至有時是痛苦，那麼你可能根本沒做對。領導者必須做出能引導行動、對組織產生影響的決定，做得不對會讓團隊成員覺得沮喪，但失敗了沒關係，重新再來過就是了。

對我來說，最困難的一段經歷是接任經理職位的頭六年，在那段時間不斷遭遇失敗，到了我認為自己已經把職業生涯毀掉了的程度。最後，終於扭轉情況了，之前的所有作法都失敗，後來靠著堅強的韌性挺過（雖然只是勉強挺過）。然而今天，那六年的失敗依舊是我職業生涯中最寶貴的經驗，我告訴自己絕不再犯同樣錯誤。

做錯事是進步的必要條件，但對領導者和團隊來說，做錯事也是很難受的事。把做錯的經驗寫下來不難，不過在現實中，還真的很難在做錯事後堅持住。沒有人願意做錯，但有些失誤和引起的問題確實有重大的影響，這時領導者要確認不致於讓自己和團隊灰心喪志。

缺乏堅強的韌性就不可能有偉大成就

韌性、勇氣再加上厚臉皮——隨你怎麼說，成功的領導者必須具備這些要件，且需要很大量。以另一個演員的說法作結，也許有點出乎意料之外，卻是我對成功領導者應具備態度的最佳說明。以下是威爾・史密斯（Will Smith）的看法：

我認為自己與別人不同之處，就是我不在乎死在跑步機上。你也許比我更有才能；你也許比我更聰明；你也許比我更性感；你也許在各方面都超過我、比我強。但如果我們一起上了跑步機，就只會有兩種結局：要不是你先下去，就是我死在跑步機上，就這麼簡單。

領導就是如此簡單。

領導就像登山，你要說服其他人這座山值得爬。

➔ 機會來自於艱苦的工作。

➔ 卓越的平凡性：

*「天分」是用來解釋他人表現的詞。

*學習愛「過程」而非「結果」。

*卓越由一連串平凡作為累積出來。

➔ 我們希望團隊不是由「排水管」組成而是由「電暖器」——那些一走進房間，就會改變辦公室氣氛的人。

➔ 領導者必須像「金頂電池兔」，在其他人都不支倒地後，還能擊鼓前進。

失敗在所難免，如果無法坦然以對並站起身來繼續前行，你就無法成功。

沒有堅強的韌性，就不可能有偉大成就。

第7章 領導自己

認識你自己。

——古希臘哲學家蘇格拉底（Socrates）

長時間的投入是領導者成功的必要條件。先前章節已經詳細說明領導者要如何善用時間，並具有豐沛的動能及韌性、堅持的決心以及厚如犀牛的外皮，但要擁有這些特質，就得付出代價。認清這些要點並予以妥善管理，才能領導得長久。另外，你必須好好照顧自己，才能成為成功且維持長久的領導者，也就是說，你應該把自己放在必辦事項上，且還得優先處理。

也許沒有人會比你更關心自己的事業前途，是否成功、生活是否達到平衡。這不是自私自利，現實就是如此，且其他人忙著顧自己都來不及了，誰還有閒情逸致來管你的事？有的話才奇怪呢！但這也不是說世界冷漠完全不理會他人，只要是你認為必須顧好自己，就錯不到哪裡去了，退一萬步來說，至少你可以確定你認識、相信的人（也就是自己啦）會顧好你。

你是重要的，身為領導者不是件容易的事。以第六章提到威爾．史密斯的跑步機故事為例，寫進書中並非難事，更可以在讀的時候莞爾一笑，但想要成功，你必須確定自己適合領導別人。至今為止，我一直努力避免有關領導的陳腔濫調，在寫的時候也猶豫再三，關上電腦出去走了一圈，回來再讀一遍內容，後來覺得不管是不是陳腔濫調，還是必須嚴肅面對。因為如果不先把自己顧好，沒有把自己放在優先地位，你在機場書店裡讀再多有關領導的書，有再多的指導教練或韌性，都幫不上忙；如果不把自己當作可延續發展的計畫，同時下定決心努力去做，最終還是會失敗。有誰希望失敗呢？我們不只希望存活，還希望蓬勃發展：有效能、行動力、韌性、成長，且享受這一切。

在第六章討論過，你擁有的動能並非無止境，就算是金頂電池兔最後也會精疲力竭。你不管有多了不起的韌性，最後也會崩斷。想做一個好領導者，持續發展成長，首先要聽從蘇格拉底當年在古希臘雅典城邦廣場所發出的指令：「認識你自己。」

成功的領導者必須自私：不但關心別人，更關心自己

成功領導不是一蹴而就，而是通過長時間的歷練，邁出的每一步都建基於上一步。當然途中會遇到挫折、打擊，但也有繼續前行的韌性、意志以及熱情。我們回想起生命歷程中遇到的打擊時，記得的是痛楚，以及打擊如何削弱了意志，發生在自己身上時，並不是那麼容易就放得下。如果我們不能像那些成功領導者一樣小心謹慎，成功的代價就會很高。想成為好領導者，必須提醒自己保持健康，並保證在未來也做得到。

「剖析領導」實際上就是將領導者拉下神壇。歷史從來不缺英雄人物及改變歷史軌跡的男、女超人，凱撒大帝、聖女貞德、伊莉莎白一世、林肯、南丁格爾、邱吉爾……，他們高高在上，我們似乎只能從流傳世上的許多形象中想像他們的偉大，譬如南丁格爾手中高高舉著的煤油燈；邱吉爾那嘛起下巴上方的雪茄。這些如

漫畫表現般的形象實際上遮蓋了他們真實的一面，也遮蓋了作為「一般人」無可避免的不安全感、自我懷疑、脆弱以及失敗。偉大的領導者也會有前述感覺，只不過他們有能力應對、採取行動，並不斷找出解決方法。

成功的領導者不僅要有能力支撐團隊，更要有健康的身體、開朗愉快的心情、強大的工作動能及信心。根據合理觀察（多少也來自經驗），領導者的責任愈大，愈會感到孤立。偶爾在面臨巨大壓力時，我們會感覺親友有點疏離，最需要感情釋放閥的時候，反而最難找到它。成功的領導者必須自私，以保持前後一貫的效率，他必須像照顧其他人一樣好好照顧自己。本書九十%的內容關於領導別人，剩下的十%要談如何「領導自己」。如同「鞋匠的孩子穿最糟的鞋」（the cobbler's children are reputedly the worst shod），最有能力的領導者通常都沒有好好照顧自己，更糟的是，他們根本不認為這是應該要注意的事。

想有健康的工作文化，必須安排「停工期」——起身、離開、回家

第一步要找出扮演各種角色間的平衡點，從父母、領導者、兄弟姊妹、孩子、朋友、學生，到模範角色……等等。如果無法找到平衡，終將歸於失敗。這本書無意涵蓋生命的全部，但會提醒你「別理所當然認為自己不用特別照顧好自己」。

對多數人而言，照顧好自己不是剛好發生，而是要有意識地努力做到。畢竟，跟自己遇上的問題比較起來，解決他人的問題相對容易多了，如果不能時時保持警覺及努力做到這點，就算是最成功、最有韌性，甚至最有動能的領導者都會失手或把自己消磨殆盡。單靠韌性是不夠的，領導者應該鼓勵團隊成員把自己當作最重要的客戶並嚴格要求自己，就像飛機上的安全措施示範，空服員會告訴乘客先戴好自己的氧氣罩，再去幫助其他人。領導者也一樣，先照顧好自己的身心靈狀況，就是幫助團隊其他成員的最好方法。

第四章介紹過有關工作文化的定義及重要性，也說明了工作文化是與對手競爭的利器。根據定義，工作文化就是團隊如何勝過競爭對手的行為表現，也唯有維

持優秀工作文化，才能長久在競爭中佔上風，而這一切都要從領導者開始。再說一次，成功的領導者必須自私，要先照顧好自己，才能確保團隊的工作文化得以實現，也才能照料好團隊內的其他成員。

至於領導者的行為如何創造或防礙健康的工作文化？這裡有個「假性出席」（presenteeism）的好例子。一般來說，團隊成員傾向以領導者為榜樣，他們通常相信自己被期待這麼做。如果領導者每天都是早上八時就進辦公室，晚上七時以後才離開，邊工作邊吃午餐，那麼很可能團隊成員也會照著做。對許多領導者而言，這可能並非本意，但此現象會造成不健康的工作文化，如同一直強調的，真正的工作文化與管理階層行為息息相關。

有時每個人都要長時間工作，但如果能早一點完成工作，就可以多一點休息。一個健康的工作文化需要「停機時間」，以便在繁忙的工作中抽空休養生息。此外，到不同的地方走走，跟不同的人有不同的話題，這很健康的，也有恢復體力、提振精神的效果。究竟有多少傑出的工作是在辦公桌上完成的？領導者必須設定標準，因為工作效率與坐在辦公桌的時間長短無一定關連，而且你知道嗎？好的工作成果不但要努力，也要適度休息。

如果可以，請你起身，離開，然後回家。當然有很多時候你辦不到，但若抓到機會，就不要猶豫。一般來說，工作會跟著可用時間延展，所以你能做到的就是限制自己的工作時間，如果不這樣做，團隊成員也不會跟著做，那麼你和團隊就無法發揮最佳工作效能。

當然，這只是眾多例子裡的一個。其他還有：如果你生病了，就留在家裡休息；如果你必須去接孩子放學，就提早下班。以上也適用於你的團隊成員。

學習斯多噶哲學（Stoics）：情緒不受外界干擾，完全被你掌控

就現代英語而言，斯多噶被解釋為一種沉鬱的宿命論，已與其原意相去甚遠，甚至完全相反。斯多噶哲學源於古希臘，宣揚人的情緒不受外界干擾，完全由自己掌控。這個觀點乍看相當單純，卻難以讓人接受。

奴隸出身的斯多噶派哲學家愛比克泰德（Epictetus）曾經直截了當地說：

身纏重病卻十分快樂，身陷危險卻十分快樂，瀕臨死亡卻十分快樂，慘遭放逐卻十分快樂，名譽蒙羞卻十分快樂。

我們可以用不這麼末世的現代說法：「有憤怒的客戶卻十分快樂。」

簡單地說，就是沒有人或事能讓你不快樂（或感受到其他情緒）：你只要對自己的情緒負責、決定要怎麼去感覺，及碰到各種情況時如何反應。

馬可・奧理略（Marcus Aurelius）是羅馬君主中「較好」的一位，他曾寫過很多有關斯多噶哲學的著作，其中一本名為《沉思錄》（*Meditation*），裡面收錄了他的哲學思維，是有史以來最多人閱讀過的書本之一，時至今日，仍有很多讀者（其中不乏成功的領導者）不時回顧。馬可・奧理略並沒有企圖改變人類的狀態、脆弱之處、不安全感或自我懷疑。他只是讓我們了解這些事，然後置諸腦後，去茁壯成長，這就是他提出有關領導者的教訓。這廣為人知的見解讓我們了解到，只有自己能為自己的感覺負責：

你選擇不被傷害，你就不會感到受傷。你不感到受傷，你就不曾受傷。

他鼓勵我們活在當下：

我們都只活在當下，這短暫的一刻，其他部分我們已經活過了，或者根本不可能看到。

換句話說，只有當下是真的，其他都是情緒而已。

你的感受和情緒不會影響團隊基本技能，學習相信自己的處理方式

喬安娜・孔塔（Johanna Konta）在二〇一四年時是極有天分卻鮮為人知的英國職

業網球員，她當時全球排名第一百四十六，職業生涯似乎已陷入停頓。當時，她的教練介紹胡安．柯托（Juan Coto）給她，柯托曾經是網球員，但後來的二十餘年間，他成了一位商業領域內專門激發高階人士潛能的教練。當時柯托已經四十來歲，仍然是排名頗前的業餘球員，不過他的工作並非提升喬安娜的打球技巧。

二〇一六年時，柯托曾接受英國新聞協會訪問，暢談他扮演的角色：「我喜歡協助像喬安娜這樣已經有很高成就的人，他們必須在要求很高的環境下做出優異表現，他們很喜歡自己的職業，也以此為傲。你如果問一位網球員，他們的心理素質在比賽時佔有多大的重要性，回答很可能是七十%以上。」

柯托認為，如果心理素質的重要性佔了比賽的七十%，那麼這方面的培養也應該佔訓練的七十%。

柯托的話其實和幾百年前馬可．奧理略所說的有異曲同工之妙。他的想法是：「集中精力在你能控制的事物上，不是勝敗，也不是排名，而是你能做出的努力及態度。如此一來，你就能釋放掉無法控制的事情帶來的壓力。以球賽而言，這種壓力就是你剛得到的分數，及還沒得到的分數。」

在柯托的教導下，喬安娜的排名在十六個月內從原先的一百四十六名進入前十名。

柯托讓喬安娜擺脫了她的「過去」和「未來」，並活在「當下」，不是哪場比賽，不是哪一局，也不是得分與否，而是比賽時做的每一個動作和攻擊。如果對手打了一個好球但她回應得不好，管它的；如果在決勝點發了一個觸網球，沒關係，把它當作練習時發過的數千球一樣。柯托讓喬安娜只專注於自己能控制的技巧、策略及臨場可做出的努力。

處於自我懷疑狀態時，你必須告訴自己，個人感受或情緒不會影響團隊的基本技能，也不會影響到你自己。讓自己或團隊受到你無法控制的外在影響，會降低集體效率。領導者的角色不只是專注於基本技能，而是必須建立起一個環境及工作文化，讓團隊在高度壓力下可以保有自信，同時不斷重複執行工作技能。

二〇一八年世界盃足球賽在俄羅斯舉行，那時的英國隊因為長時間表現欠佳成為笑柄，結果卻在那次比賽中首度贏得罰球比賽。當時的英國隊是一支年輕又沒有經驗的隊伍，總教練蓋雷斯・索斯蓋特（Gareth Southgate）曾是職業足球員，不過他最為人所知的是，大約二十年前，在歐洲盃的一次罰球對決中失手。

在足球的罰球對決中，對手是否得分，對此你束手無策，這是完全無法控制的事，因為一個優秀的罰踢基本上無法防守，對手的表現完全不受你影響，就好像高爾夫球員的對手是球場而非其他參賽者。理論上，此類臨場壓力大到無法想像。

索斯蓋特被問及如何帶球隊贏得比賽時，用了一個讓人印象深刻的說法：英國隊確認他們可以「處理整套流程」。當時他們能控制的就是派誰上場、誰先誰後、從中場線走向罰球區的那一小段路，以及最後踢出的那一腳，其他事物都不重要了。你該做的就是控制好這些過程，並執行你擁有的技能，平時不斷演練的罰球技巧，一旦上場後，自然知道該怎麼做、執行的先後程序、球該踢向何方。也就是說，這整個流程已屬於你了。

控制過程無法減輕壓力，但確實能讓你專注於可控因素。如同我在本書中所述，領導是一種技巧，當壓力出現時，你就必須認真面對其實並不複雜的基本原則。這也是為什麼「不說廢話」如此重要——它給了一個可信賴的處理程序。

在沒人為你提供協助時，你可以倚賴本書的幫助。撇開其他不談，至少書中告訴你，應該先建立起簡單明瞭的領導哲學，然後據之建立成為領導者的自信心。如此一來，你就知道該如何處理整套流程了。

承認「自我懷疑」在所難免

有可能身為領袖卻缺乏自信嗎？如果答案是否定的，我就不會寫這本書了。在現實中，多數領導者都會產生自我懷疑、不安全感以及恐懼，甚至嚴重到一心只想著置之不理，而並非消除疑慮。

就像面對上癮，首先你必須接受它：先對自己承認事實，然後逐漸接受。譬如，「我是克里斯．賀斯特，我是一個有不安全感的領導者。」

領導就是要達成設定在未來的目標，目標通常很容易訂定，卻很難達成。在往目標邁進的過程裡，難免會疑惑、恐懼、憂慮甚至失去信心。領導者可能長時間都要經歷前述的情緒起伏，且幾乎無法避免。他會發現自己是團隊裡的代表人物，因此最容易感受到壓力，以為「身為領導者，不能承認自己有軟弱一面」，並因此感到困擾。

本書的目的不在於協助大家去除自我懷疑，這超出我的專業範圍，我也不想這麼做。「自我懷疑」並非是件壞事，事實上，我們反而傾向避開，也不相信看起來很有信心、認為自己結論皆正確的人。沒有任何自我懷疑的領導者要不是沒面對問題，就是誤解了該做的工作。

本書鼓勵你有信心地面對這一切，同時努力採取行動。就算是訓練得再好的運動隊伍，有時也會感到緊張、心慌意亂，但儘管緊張、猶豫、有不安全感，甚至有各自的問題、重擔、極端壓力，他們都是帶著信心上場，運用技巧執行他們的計畫。這就是一個團隊了不起的原因，自我懷疑並未消失，但對隊友、教練、領導者、工作文化及終極策略的信任，讓他們雖然帶著懷疑上場，卻能置諸腦後並盡情發揮實力。

當然這一切無法保證一定能贏取勝利，只能通過專注於可控因素，做出前後一致的表現。如果其他隊伍表現得更好；如果裁判表現得太差；如果天氣狀況對你不利；如果你的老闆判斷錯誤，這一切都在你的控制之外，所以，不要在這方面浪費時間，而要相信團隊的工作文化及才能，這是你可以掌控的。就像媽媽常說的：「你能做的只有盡力。」

別擔心脆弱，它不是弱點，而是力量的證明，沒有它還成不了事呢！

幾年前，我們有位很重要的大客戶凱蒂，希望我們幫她把在商業區有一定聲譽的品牌重新包裝推出。這件事對我們雙方而言都有相當高的賭注與風險，幸運的是，這也是廣告商和客戶之間一拍即合的好案子，我們一起完成了，到今天我仍感到驕傲。整個過程雖然充滿壓力，卻讓人覺得很興奮、有趣，凱蒂也一直是我的好客戶，她有一些與眾不同的特質。我清楚記得，有一次跟她進行焦慮又困難的馬拉松會議後，我和同事搭計程車離去，同事對我說：「你知道嗎？凱蒂超乎尋常的力量就是她的脆弱。」這個特殊的觀察，直到今日還常出現在我的腦中。

對多數人來說，「脆弱」是一個弱點，讓我們痛恨且想盡辦法躲避、隱藏。所謂脆弱，就是我們擔心面對失敗、被人拒絕或羞辱，然而從另一方面來說，如果不會發生負面結果，我們就不會努力嘗試讓自己不陷入那種狀況。不管是個人關係或是領導，「可能會失敗」這件事其實是走向成功的先決條件。不敢開口提出約會就是一種「脆弱」，害怕會遭到拒絕以及自認為的羞辱。

美國休士頓大學社會工作研究院教授布芮尼・布朗（Brené Brown）二〇一〇年在TED Talks上的演說「脆弱的力量」，已有超過三千五百萬人次觀看。她談到互相了解的困難之處和脆弱的力量，描述了將「不確定」轉化為「確定」的集體願望，以及這個願望注定會失敗。她指出，想要好好活下去，就要接受自己的脆弱，而不是企圖控制，對多數人而言，這是出乎意料的觀點。她的結論也跟多數人感受不同，她認為脆弱並非弱點，而是我們對勇氣的最精確估量：脆弱是創意、創新以及改變的起點。

身為領導者，我們時常感到害怕、不安全，之所以脆弱，是因為不知道答案，因此選擇躲避問題或失敗的風險，這正是許多領導者不敢採取行動的根本原因。我們需要打造一個盾牌，就像第五章所述，不僅為了保護團隊，也給自己一個藏身之處。

我的客戶凱蒂很傑出、成功，但她並不畏懼分享自己恐懼、疑惑的時刻。我們也有這種情緒，只不過都深深地埋藏了起來。凱蒂這樣做很人性化，大家都喜歡她，也因此建立起強大又持久的團隊。這件事無關戰術或策略，而是凱蒂這個「人」讓她自己成為好領導者。此外，她的「脆弱」實際上是敢於承認的「勇氣」，因為自覺脆弱而敢去問、去做別人因為擔心失敗或遭取笑而不敢做的事。凱蒂能夠和自己的脆弱和諧相處，正是她表現傑出的關鍵。

我們都該做同樣的嘗試。「脆弱」並不是弱點，反而是力量的證明，如果你沒準備好面對自己的脆弱，就難以成事。

「領導」只是複雜生命中的一部分，當「其他身分」有機會表現，領導者才能茁壯

你是領導者或想成為領導者，希望你能成功，社會需要更多像你這樣的人，但就算是最成功的人也不見得只是位領導者，他們還有其他許多面向。成功的領導者

必須關注生命中的其他面向，在某一時刻，你也許操控了五百人的前程或命運，而下一刻，你也許正在跟一個早熟的十七歲少年打網球，結果本來得心應手的正手拍卻觸網。你那有關領導的廢話此時到哪去了？

為人父母者最清楚這種感覺。你忙了一天回到家裡，孩子在乎嗎？他們只想要二十塊的零用錢，希望你開車送他們到鎮上逛逛。這時你就只是父母，兼提款機與計程車司機。但不管領導者是否為人父母，都需要有其他生活，想要成功，就要把「各面向的你」照顧好。這不是廢話，而是事實。

其實我們都像桌遊「猜謎大挑戰」（Trivial Pursuit，棋盤以六種不同顏色的格子標記，每個顏色代表一種類型的問題，移動位置並答對問題，集齊六種顏色遊戲塊，並先到達終點即為贏家）裡的遊戲塊，生活中的每一部分都互相分離且具獨特性，當所有遊戲塊組合在一起，我們的生活才完滿。你不能認為自己只是個領導者，一方面因為這並非事實，另一方面如果你不把所有遊戲塊湊齊，就不可能成功成為領導者。如果六個遊戲塊都是同一種顏色，就贏不了「猜謎大挑戰」，同理；如果無法平衡建立起生命中的不同部分，你就不會成為好領導者。

領導的同時又要能夠脆弱，也許不是件容易的事。所以，你可以試試別的辦法，譬如學習一些不擅長的事物；面對成就、志向比你高的人，讓自己感到謙遜；看一場球，然後自己試著當教練；學一種語言；試著寫詩；試著演出即興短劇——即興短劇還真值得一試；聽一場主題完全陌生的演講；閱讀、散步、創作、露營、玩耍、大笑，什麼都可以，就是去用大腦的其他部分。

以上並不是建議，而是要強制自己去執行。領導者的工作不能只是「領導」而已，就像吉卜林做的觀察，「你不能只了解英國人了解的英國。」你必須找到地方去學習、充電、變得脆弱。每一個人都有多重身份，所以你需要有地方給這些「其他身份」生活、呼吸，不互相干擾。

大家都知道邱吉爾喜歡畫畫，作品也還說得過去。但鮮有人知的是，他在感到鬱悶時會去砌磚，查特韋爾莊園周圍的紅磚牆，都是他親手砌成。戰爭最不順利的時候，他就在家砌磚牆，藉著一個人砌磚來沉思，清理思緒及各種想法，重新幫自己的心靈充電。

沒有人也沒有任何書可以教你如何培養不是「領導者」的「其他身分」，但這是很重要的事，必須去做，也唯有你的「其他身分」有機會表現，身為領導者的你才能茁壯。

利用團隊規則建立健康又快樂的團隊

如果你的身體狀況欠佳，就登不了山；如果團隊成員一天到晚要擔心是不是輪到自己接孩子放學，他們就無法成為你的堅強後盾。

這就是有關領導的最後一個謎團，許多人忽略了領導其實與生活相關。每個人的生活都跟你的一樣複雜，有自己的問題要應付，在你準備讓人追隨之前，必須對此有所了解。即使團隊成員在精神上願意，卻不得不與現實狀況妥協，就無法成事。精神訓話照顧不了孩子，現代領導者必須創造出不僅符合企業利益，同時也符合人性的解決方案。人不是機器，人會疲倦、生病、煩躁、夢想幻滅。

領導者有實質上與道德上的責任，幫為他工作的人創造出合適的環境。有誰希望帶領一個休息時間受到監視，成員非經允許不得外出，常要擔心是否被解僱，只會像蜜蜂一樣嗡嗡嗡工作的團隊？至少我就不希望。優秀的團隊會根據最終目標的需要，設計出該遵守的規則，而且適合自己的團隊成員而非人事部門。

克萊夫．伍華德爵士就是根據此原則訂定出團隊成員應該遵守的規則。這些規章是全體成員同意，並由領導者批准的行為準則，明確規定如何一起工作、相互問責。舉例來說，有關準時上下班及使用社交媒體的相關規定，是容易效法的點子。

團隊成員應該開會討論並通過團隊規則，或是簡單的日常工作行為準則，全體奉行，盡可能發揮最大功能，同時找出配合團隊成員生活的適當合作。譬如：

* 有些人必須早點開始工作，不能在辦公室待到太晚。有些人則相反。
* 每個人對守時都有意見，便改訂團體都同意的規則。譬如採用「隆巴迪時間」（Lombardi Time），即美國傳奇美式足球教練文斯．隆巴迪（Vince Lombardi）的做法，他期望隊員在集合時間前十五分鐘就能抵達。
* 每個人抱怨會議次數太多、時間太長。想想看怎麼解決，請全體成員提供方

案，然後共同遵守。

* 如果團隊成員中有人的孩子或伴侶生病了，你要怎麼訂出可解決問題的規則？
* 如果工作做完了，就可以下班回家，消除前述的「假性出席」。

也許有些人認為這些都是小事，或認為過於理想。我做過很多次類似事情，其實並不困難，且真的對個人生活產生很大的影響。很多時候，小事反而會帶來麻煩，進而傷害到工作效率、幸福感、專注力和身體健康。根據經驗，改善這些狀況的可能性其實有很多，重點是團隊必須自己訂出實際、健康以及大家都願意遵守的規則。如此一來，便可創造出微型工作文化來配合個別成員的需求，並讓團隊整體有更佳表現。別忘記，能讓團隊勝出的才是好的工作文化。

往此方向思考的團隊會成為更好的團隊。他們會關注生活裡可能影響工作效率的種種問題：如果習慣早上工作，就在上午工作；如果習慣夜間工作，就在夜間工作。團隊精神只有在促進團隊做出更好成果的原則下才有意義，如果無法獲得期待成果，那麼這就是一個典型的雙向門——再調頭回去就是了。並非所有想法都是好想法，而是要鼓勵團隊成員找出最適合自己的方法，加上一點點想像跟野心，你會發現彈性空間其實很大。

照顧好自己的身心靈

最後，來討論最基本的部分：你的身心靈健康。領導者必須維持好自己的健康狀態，並注意團隊成員的健康狀態。一個健康的組織會留意成員的健康，並準備好正式及非正式的支援體系，如果你忽略了這些，總有一天會碰上麻煩。

身為領導者，如果連照顧好自己都做不到，又要如何建立對團隊有利的工作文化呢？如果連你自己都不找地方充電、恢復精力、鍛鍊身體、進行學習及開懷大笑，又要怎麼期待團隊成員也會這麼做呢？每個人都要找出喜歡的方式去運動，留意均衡飲食，找時間及地點放鬆自己，在有需要的時候尋求協助。健康是一切的基礎，能對健康產生最大影響的，其實是我們每天的常識型選擇。

這就是本書在談的，先確認自己想要做什麼，然後訂出清楚的計畫去實現；確認自己專注在對的事情上，並從失敗中記取教訓。另外，關注自己的心理及身體健康，不但是為了自己，也是為了長時間擔任有效率的領導者。

我首次成為執行長之後不久，帶領團隊去參加了一個為期兩天，名為「能量計畫」的課程。課程的中心理念是：當人們覺得自己處於最佳狀態時，精神上、情緒上、心理上以及身體上最能專心，最能發揮創意思考，並做出較好的決定，以及更有效的領導。這是一個很棒的課程，它教導我如果想要在任何組織中成為成功的領導者，就必須仔細思考自己的各種面向。

當時每天早上運動到流汗、量體脂肪、研究如何攝取營養、注意每週能量的起伏。另外，團隊都就自身行為如何影響他人，以及他人的行為又如何影響自己進行討論，並冥想內觀，為平常不曾想過要感謝的人寫感謝信，最後完成個人的每日行動計畫。

以上所述都與例行工作及工作技巧無關，卻與我們如何成為更好的領導者，並讓行動影響為我們工作的人有關。我也首次認真思考團隊的豐富及複雜性。老實說，在「能量計畫」課程之前，我只是靠著自己的小聰明努力工作而已，然而在參加課程後，我覺得自己從只能看見單色，進入到看見繽紛顏色的境界，這才是我領導旅程的起點。

未必要參加訓練課程來掌握這些問題，它們早已存在生活中，你只需要開始去做。我不是一個喜歡說教的人，以上所述都是事實。

我們會為做不到的事找藉口，「我討厭去健身房」「我沒有時間」或「我沒辦法不吃巧克力」。這是一本有關領導的書，不是執行指南，你不需要去健身房，不需要放棄任何事情，也不需要花大把時間，你只要找出屬於自己的方法及平衡點，我不相信你做不到——你內心深處應該也是這樣想吧！

蓋瑞．約翰．畢夏普（Gary John Bishop）在他的著作《別耍廢，你的人生還有救！》（*Unf*ck Yourself*）中，對「能夠」跟「不能夠」重新賦予「願意」及「不願意」的意義。他寫道：「在你說『我能夠』之前，必須先問自己一個問題：『我願意嗎？』」他也認為，反過來說，「不願意」有時也是強大的動力，「譬如說你只有在不願意再忍耐的時候，才會拿起鏟子去挖……一旦你把生命中可能遇到的挫折都用『願意』或『不願意』來重新理解……你就可以衝破那些障礙。」

問題是，你是否不想再繼續現狀？你願意找出維持健康與平衡的方法嗎？你不願意再像無頭蒼蠅一樣工作嗎？你願意讓「工作太忙」繼續成為無法增進身體健康的藉口嗎？

這與成為「企業運動員」（corporate athlete），或中年鐵人三項運動員無關，而是要確認你能照顧好自己的身體、心理、精神健康，並對團隊成員做同樣的事。當然，團隊成員是否吃得健康，他們在工作之餘如何過日子，都不關你的事，但你可以創造出一種工作文化，讓團隊成員的各種面向可以共存。

除非你帶領的是一個運動團隊，那麼，你還真的要確認他們有能力多跑上幾圈。

不說廢話

第7章　領導自己

- 成功的領導者必須自私：照顧好自己及團隊，才能維持工作的效率。
- 健康的工作文化應該要有「停機時間」，從忙碌中恢復精力——起身、離開、回家。
- 向斯多噶哲學學習，情緒不受外界事物干擾，完全在自己掌控中：你選擇不受傷害，你就不會感覺受傷；你感覺不到受傷，你就不曾受傷。
- 你的感覺和情緒都不會影響團隊的基本技能。學習信任自己處理事情的程序。
- 接受自我懷疑在所難免，譬如：「我是克里斯．賀斯特，我是個缺乏安全感的領導者。」

別擔心脆弱，它不是弱點，而是力量的證明，有時少了它，還成不了事呢！

←「領導」是複雜生活中的一部分，當「其他身份」有機會表現，領導者才有機會茁壯。

←利用團隊規則建立健康又快樂的團隊。

←照顧好自己的身體及心理。

第 8 章　領導變革

除非像你這樣的人多付出心力，否則情況不可能變得更好。不可能的。

——美國知名兒童繪本作家蘇斯博士（Dr. Seuss）

如何管理變革是門大學問。先前已確認領導與變革有關，但有時會發現自己領導的是破敗不堪的組織，成員沒有方向、士氣低落。這個組織也許是週末球隊或大公司，規模固然有差異，但人的「病徵」卻是相同的。對於領導者來說，要為這樣的組織帶來起死回生的變革，無異是極大挑戰，讓人望而生畏的體驗。如果說領導像是登山，那麼「領導變革」就是世界第一高峰聖母峰（Mount Everest）。

處理好這個挑戰刻不容緩。我們身處前所未有的紊亂世界，大家熟悉的商業區已慘遭前身為網路書店的電商蹂躪，光碟出租業也為好萊塢帶來巨大威脅。無論是飲食、購物方式、學習、旅行種種方面，尋求轉型的變革已是常態。

當然，隨著「變革」而來的還有「機會」，正因如此，改革組織已然成為大家研究的主題，更是許多商學院喜歡開設的課程。市面上有這方面的好書（舉例來說，我推薦約翰．科特〔John Kotter〕的著作），只不過就像其他有關領導的書籍一樣，內容也多半流於過度理想的理論，讓讀的人不免疑惑：你說得沒錯，但我該怎麼做呢？

現在是回頭看第三章所述公式的好時機：

領導者影響力＝（目標＋策略＋團隊＋價值觀＋動機）×行動

領導變革其實就是「採取行動」。沒錯，策略很重要，在混亂的世界裡，你也許不容易訂出未來方向，但其他的人也幾乎都是如此，所以你無須感到喪氣，因為沒人可預見未來，每個人都是在流沙上建房子。而領導者的不確定感愈高，惰性就可能愈高，不想去採取行動，這才是真正危險所在。像飛機駕駛員在跑道等待雲霧消散後再起飛，不幸的是，對現今領導者而言，霧氣並不會消散，這就意味著必須學習在天候欠佳時起飛。

我有長達十年把快倒閉公司轉化為世界一流公司的經驗，所以有資格告訴你，在濃霧中起飛確實是可能的，這當然很困難，且一路顛簸震盪，但只要你能保持頭腦清醒，同時又有清楚的計畫，就可以辦到。

接下來，我會列出十個設計、執行組織變革計畫的關鍵步驟。無論是十人或一千人的組織。不廢話領導者的格言就是：維持單純、志向遠大。最重要的是，你的團隊相信有你當領導者，大家都知道要往哪裡去。

沒有任何一個組織注定失敗。以下是我訂定能讓你勝利的十個步驟。

一、看、聽、學──「接待區測試」

盡可能用清楚簡單的方法為團隊處境、地位及工作表現做出明確定義。

有很多參考面向可用來完成這個工作，舉例來說：財務資訊、聯盟內排名、顧客滿意度、市場表現指數、整體經濟環境或競爭對手現況，且一定要把質與量的評估包含在內，譬如環境、價值觀、人員素質和適用性，以及他們的情緒。你應該經常接觸客戶和職員，拜訪突然不再往來的客戶；仔細閱讀離職員工的離職紀錄；去酒吧買一杯酒，仔細傾聽。

這個階段的主要工作就是「傾聽」。

同時也要相信自己的直覺，傾聽及深入研究是很重要的步驟，另外，你也要為準備建立的論點找出支撐的證據，讓自己及他人都知道你有做好功課。現在再複習一下克林．鮑威爾的「40／70法則」：

> 如果你獲得的資訊只有低於四十%的成功機率，不要採取行動。但如果等到有超過七十%的成功機率，你又等得太久了。

鮑威爾的教條敦促我們採取行動，並提醒客觀事實只是蒐集訊息的一部份，要相信自己的直覺，體會直覺究竟告訴我們什麼？

「接待區測試」就是個好例子。

我在數年前接任了一間公司的執行長，當時該公司由大約十個大小相仿的組織組成，多數位於倫敦中心地區，雖然從事同一行業，卻有各自獨立的經營方式，其中有一些表現優異，有一些瀕臨倒閉。我很快就發現了一件事：只要站在接待區，就可以看出組織表現為何，以及他們如何看待自己。聽起來有點像天方夜譚，卻是事實。

這是一個微不足道的小測試，裡頭卻藏著大道理。就如同一個人的身體語言常會洩漏出內心感覺一樣，這道理同樣適用於一個團隊、整個組織。組織的肢體語言會釋放出細微訊號，透露出對自身的感覺，以及到底表現得如何。

你明天就可以在組織中做個測試，觀察一下肢體語言，以及顯現出來的事實。在網頁上如何呈現？走進組織的大門時，感受到什麼？第一眼看到的字和形象是什麼？組織裡人員的穿著如何？人員會對你微笑或做視線接觸嗎？會議室維持得乾淨嗎？牆上掛的是新的還是過時的海報？……還有很多例子。

每個團隊都可以在很短的時間內改變肢體語言，有時只要點出來即可，譬如說告訴正在交談的對象不要雙手抱胸。

你是否有過以下經驗：走進一間房子，發現屋內有一面牆還沒油漆，或者有一段損壞的踢腳板。這沒完成的五％，就成了與美麗房間之間的差別，而剩下一點的未完成工作又一再推延到明天，所謂的「明天」卻似乎永遠不會到來。我確定很多人的屋子都有類似情況，最後因為看習慣了，也就不在意這些小小的不完美。我們知道它們在哪裡，也記得有一天要把它修好，但時間一天天過去，我們開始以心目中想像的樣子來看待這些房間，而不是它們真實的樣子。但訪客來時，這些你早已忘記的不完美引起他們注意，只有以新來者的目光，才看得見房間真實的狀況。

當一個外來者走進你的組織或跟團隊晤面時，也是同樣的狀態，他們會看見一些你已視而不見的事物。

你可以挑戰一下自己，不管是剛上班十天或已經做了十年，試試第二天以一個新人的角度用心去看辦公室，絕對會大吃一驚。你會發現為什麼接待區角落的盆栽早已枯死，卻沒有人把它換掉？會議室的牆壁上為什麼還貼著先前開會時貼的透明膠帶？更衣室髒亂不堪，怎麼沒人打掃？停車場的分隔線已經退色，怎麼不重新畫一下？一旦用全新的視角去看，你會發現到處都是瑕疵——通常是只要有人肯去做，很容易就能處理好。相信我，發現這些瑕疵後，你會念念不忘，一直到處理好為止。

好消息是，你可以修改團隊各方面的肢體語言，帶動整個團隊的變革，方法是簡單變動表面上或裝飾用的東西。舉例而言，如果一間蹩腳的公司有一個蹩腳的接待區，那麼就把接待區好好整理一下，整個公司的感覺會變好。事實上，就算只是打掃乾淨，也可以讓組織的自我感受不同，變革可從打掃、整理接待區開始。聽起來匪夷所思？相信我，這是真的。

即使認為自己已經很了解，也不要用管理階層華而不實的口吻去說，因為十之八九，你會「發現」都是些顯而易見的事，只是在許多團隊或組織裡，大家都視而不見。你要做的第一件事，就是有勇氣及自信地說出眼前所見，你永遠無法想像有多少人會因此感謝你：直指核心說出來，別廢話。

所以，領導者的第一個挑戰並非認出問題，認出問題並不難，而是確認組織裡的其他人也都了解問題所在，同時理解變革的必要。如果團隊不希望變革，就不可能變革，好比治療上癮症狀，必須先承認自己的問題，才能正式開始。變革以集體意志為始，從現在團隊所處的位置移往他處。

二、訂定目標，找到最初的「五人團隊」

你單靠自己無法完成目標，誰是你最初的「五人團隊」？

如果你已經說服團隊接受「必須變革」的事實，那麼，讓他們進一步相信改革後會有正面、清楚的未來，通常不是件困難的事。

建立一個工作聯盟，有助於訂定目標，並遵循這個目標成為攻擊部隊，全力以赴去實踐。如果只是隨便湊合一個團隊，很可能會失敗。這個核心團隊可以是原先的成員，或是引進新人，但通常都是新舊混合。首先，確定他們的執行能力；其次，他們必須全心全意投入團隊工作以及你的計畫。

東倫敦春田小學副校長妮娜．史提波（Nina Steeples）曾經談及「五人團隊」。他們的任務是解決學校長久以來的問題，當時新校長帶領四名想法一致的副校長，組成一個「變革特攻隊」，妮娜就是其中之一。他們制定了立刻要做的事、長程目標，以及如何完成的計畫與步驟。

帶領變革的領導者必須迅速地從內部和外部找到核心團隊。妮娜表示他們共同做了三件事：平均分攤主要工作；釐清期望他人配合的事項（他們當時都有各自的教學工作）；同時像所有帶領變革的領導者一樣，非常努力地工作。值得注意的是，對他們來說，訂定目標相對簡單，並不需要花太多心思，就是把當時名聲不佳的學校改革成一所好學校，他們的精力跟時間都花在如何去實現這個目標。

你可以把核心團隊視作「墨點」。許多墨點滴到吸墨紙上時會慢慢向外擴散，然後互相融合。「五人團隊」應該漸進式地改革組織的工作文化、行為表現及工作技能（必要時，成員也要改革），核心團隊也會逐漸向外擴張而變得愈來愈大，速度愈快，進步就愈快。

其實不用提醒，多數組織都知道他們面臨的挑戰。從強盛走向衰敗的柯達公司

（Kodak）就是一例，他們知道即將到來的挑戰，問題是找不出應對辦法。這情況很常見，許多團隊即便同意應該進行變革，卻不相信可行，因而失敗。野心勃勃許下承諾的管理者來來去去，卻不見顯著改善，沒人找得到正確做法，情況只會持續惡化。如果你是新任領導者，多半會被當作另一個失敗者，大家只冷眼旁觀等著目送你離開。

在這種情況下，領導者該做的不是說服團隊成員他的計畫有多偉大，而是要讓他們相信，變革可以實現。因為他們會想，沒錯，這個理論很了不起，但我們要如何才能從此處到達目標？

至今為止，我兩度接管瀕臨倒閉的公司，當時團隊的全部能量都花在想辦法存活。我告訴他們的事情很簡單，不只要變得「更好」，而是要努力變成「最好」，我們只花了一點時間就確立目標。說起來是很容易，但要讓所有人（包括自己）相信可以達成目標，才是真正的挑戰。

因此，在這階段，你必須完成三件重要的事：

1. 找到「五人團隊」（不一定得五個人，可按情況而定）
2. 訂定簡單明瞭、敘述精準的目標，讓工作夥伴、員工、客戶都能輕鬆理解（請見第二章：領導至何處？）
3. 讓團隊相信任何變革都有可能達成

三、放手去做，創造信念

創造出快速、明顯的變革來證明確實可行，並由此建立起團隊信念與信心。

變革其實是體力活，且經常會受到心理影響而脫軌。並非團隊不願意變革，而是他們不相信會發生在自己身上，所以你的工作是激勵他們相信，且由你來帶領。

我建議把前面提過的領導者影響力公式（見第三章）改寫一下。對於不廢話的變革領導者，應該變成：

變革＝（目標＋策略＋團隊＋價值觀＋動機）×＋行動2

有人曾說過：「重整一個破敗的團隊，動作必須要快，唯有大破才能大立。」領導者的影響力傾向「行動」，而面對變革，「行動」就更為重要了，一開始要是平方才行。

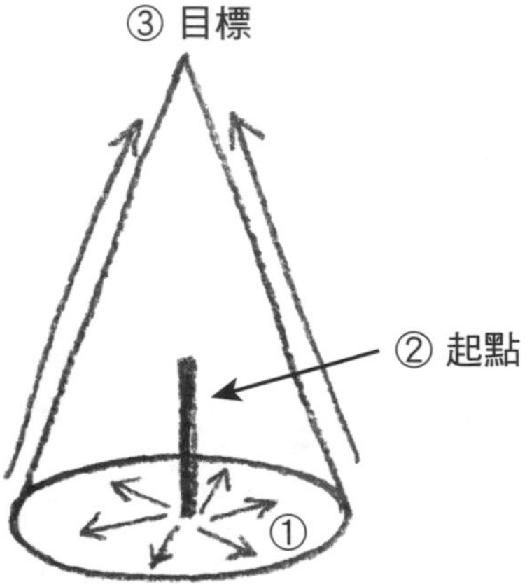

變革普遍被認為是一種線性行動，有一個開始，接著中間期，最後結束。為了簡化，本書也是這樣說明，然而這個模式只到某階段有用，在實際操作中，無法產生效果。真正的改革會遇到許多起伏、挫折、障礙，這時領導者最急迫的工作是說服團隊，變革不僅有其需要，而且還能辦到。

其實變革不全然是線性行動，你可以想像自己處身在一個三角錐裡，起點是底部的中央，一支立樁牢牢地插在那裡，目標則是三角錐的頂部。這個工作（變革）的複雜、艱鉅之處在於，你必須先把立樁拔除，才能開始改革旅程。這就是你第一天要開始做的事。

①首先，你必須拔除那支牢牢釘在地上的立樁，移動的方向不重要，重點在於盡快從起點往外移動，愈快愈好、愈遠愈好。

現在你被困在點①，你的終點③看起來遙遠不可及，周圍的人全都站在一旁雙手抱胸，事不關己地等著看你能做點什麼。

再想像一下，你的組織被鏈條栓在那支立樁上，為了可以開始進行變革，你必須先拔除立樁，從各種方向拉扯、猛推，你大聲吶喊甚至雙腳亂踢，這真不是件容易的事，但你不在乎，因為你的目的就是要掙脫。在你汗流浹背、雙腿陷入泥漿之際，最後的目標已經不重要，只有你能先掙脫，才有可能開始。在實際狀況中，許多領導者和組織根本無法拔起那支要命的立樁。

這就是變革開始時的狀態。領導者必須先認清一個事實：想要重建一個破敗的團隊，剛開始進行的方向並不重要，重要的是創造出「變革是可能的」信念。在這個階段，你的目標還在遠方，重要性遠不及創造出行動能量及信念。

首先，你要確立變革的必要性，接著讓變革盡快發生。先熱身，然後一舉把水泥塊擊碎，讓這個星期一跟上個星期五截然不同，且需要有反傳統的破壞力、無所畏懼，盡你所能做最快、最大的變革（我們在第三章、第四章已詳細討論過）。你會對自己釋放出的能量驚訝不已，若發現嘗試過的事物無效或沒幫助，就毫不猶疑地改弦易轍。

別擔心犯錯，你應該熱烈擁抱它，要害怕的是沒有採取行動。

「拔起立樁」是變革行動中重要的第一步。它讓組織相信變革是有可能的，而且可以發生在成員身上。這也會使他們開始信任你，證明你跟別人不一樣，不會光說不練。你的第一個目標就是讓組織離開起點，愈快愈好、愈遠愈好，像池塘裡散開的同心圓水波，而不是一條直線。

四、讓團隊目標成為每個人的事

確認團隊成員都明白為什麼變革符合個人利益（包含其他利益相關者，例如客戶或總公司）。

常有人說人類習慣安於現狀，不願改革，然而我的經驗卻並非如此。其實，許多領導者都犯了一個錯誤，忘記團隊實際上由不同的人組成，他們是因為公司的聘僱才會聚在一起。

在一個衰敗的組織裡，聰明能幹的人通常不需要說服，就會相信變革有其必要。但基於個人理由，即便不是主動拒絕，也會對進行變革表現出不太情願的態度。

因此，領導者不能只讓團隊了解變革對整體有利，更要讓他們知道，變革也符合個人利益。

說到底，如果組織內有人還是不相信，那麼，不管是對誰來說，讓他們離開才符合大家的利益。組織的變革並非發生在同一群體的抽象事件，而不同個體自己做出決定，或是被人說服，相信用不同的方法處理過去熟悉的事務，才符合最佳利益。

說到變革，領導者必須小心謹慎，不能讓團隊成員有這樣的想法：「他說得沒錯，但也要其他人都改變才行呀！」樂見的狀況是，團隊成員不花過多心思去想別人是否做得更好，而是用心在自己應該以不同方法處理的事情上。

為求達到此目的，你要讓團隊成員了解，儘管整個過程可能會讓人感到不舒服，且在短期內遭遇許多困難，但最終利益攸關他們個人。對組織來說，變革是痛苦的過程，卻很少領導者會向成員解釋，變革對個人來說其實是件好事。

同樣方法也適用於其他利益相關者，例如母公司及客戶。客戶經常聽到變革的必要性，卻未被告知他能從中得到什麼好處。在我服務的廣告界，有很多這樣的例子：新的領導團隊來了，煞有介事地宣布先前的所有做法都是垃圾。很多大客戶聽到這種說法後，不忍會想原來他們付了這麼多錢，買到的竟然都只是垃圾，所以乾脆轉往別處了。這些事情完全沒必要，也可以避免，卻一天到晚都在發生。

領導者必須注意各利益相關人士的看法及企圖心，譬如說公司的員工和客戶，為他們的利益來規畫變革，並以清楚明白且規律的方式進行，因為人的記性很短，特別是在承受壓力的時候。這樣做的另一個好處是，如果人們相信最後的結果會帶來明確的利益，就能夠忍受短期的不舒服。這並不是件困難的事，只是大家經常忘了去做。

領導者必須準確傳達訊息、堅定執行，詳細解釋為什麼變革符合每個人的利益，並把所採取行動跟願景與策略連結在一起。

五、如實說明與傾聽

誠實面對自己及他人，創造出可以對上位者說實話的文化。

所有領導者，特別是帶領變革的領導者，都必須接受自己不得不面對不舒服的事實，且往往是在公開的情況下。領導者通常會採商業顧問慣用的複雜說法企圖敷衍過去，或是出於缺乏自信而故意顯得高人一等。你可千萬別這樣做。

第四章討論過「凱撒大帝」創造出倚賴的工作文化。不過，優秀的領導者必須跟團隊建立起成人之間對等的關係，這是一項困難的工作，且需要時間、耐性去努力完成。一旦完成，團隊裡成員都會知道自己及其他人扮演的角色，彼此也會互信。這就是諾德斯特龍工作規章（第九十六頁）的秘密力量，也體現在提普森的變革中（第九十七頁），它們創造出高度信任環境的效果。

誠實與前後一致是互信的先決條件。領導者只有在人們願意追隨的情況之下才能領導，許多領導者誤以為「受歡迎」就是「信任」，實際上，領導者不見得受人喜愛，重要的是他與團隊互相信任。

領導者的工作不是爭取他人好感，而是讓團隊更有工作效率，且態度不能粗魯、不圓融、失禮，而是要清楚直接、前後一致。團隊必須知道領導者是認真的。

領導者得明白，誠實是雙向道。一個能夠說出事情真相，卻完全不願接受或聽見批評的領導者，和那些不說出事情真相的一樣糟，甚至更糟。領導者的行為表現也要能反映需要去建立的工作文化，有效率的工作文化讓自上而下的所有人都能正確地對話，要做到這一點，基本要求就是所有人都能對上位者說出事實真相。

身為領導者，你不用知道所有答案，事實上也做不到。你不見得有最好的構想，也不見得一直是對的，但你要確認大家都能正確地對話，團隊裡個人的貢獻價值跟資歷無關。好構想可能來自任何人，你要做的是透過領導的行動，讓它順利發生。

莫里斯．歐菲爾德爵士（Sir Maurice Oldfield）是英國秘密情報局「軍情六處」（MI6）具話題性的前任主管，約翰．勒卡雷（John le Carré）在作品中創造的人物喬治．史邁利（George Smiley）即是以他為範本。歐菲爾德爵士有次提及他和首相柴契爾夫人（Margaret Thatcher）之間的關係時指出，他的工作是告訴柴契爾夫人她不喜歡聽到的事，但這些事卻比「聽起來感覺良好」的事重要多了。

有時「正確」地對話在情緒上相當困難，讓人緊張甚至有點可怕，在這種情況下，很多人會覺得不談還比較好。聰明和有動力的人通常對自己的觀點充滿熱情，而熱情容易轉為爭論，你不會希望有個成員經常互相大吼小叫的團隊，但彼此之間正確地對話是很重要的。好的工作文化不意味著沒有爭執，而是爭執後不會翻臉、解體。其中的奧妙在於建立互信、互重，團隊成員可以爭辯，但前提是不能攻擊對方價值觀及個人，且要能找出共同立場，尊重彼此擁有不同意見的權利，如此才能繼續工作下去。好的團隊一定充滿熱情，反之事事隱忍不發，開誠布公並找出正確做法，才是維持和諧的最好方法。壓抑不同意見，反而助長爾虞我詐、彼此憎怨與互相猜疑。

我們已經確認過，領導者其中一個最重要的挑戰，就是要讓別人相信你提出的願景，如果他們認為你是在胡扯，就無法相信你。別人可以不喜歡你，但他們一定得相信你。如果他們相信你，你也相信自己，你就有機會成功。

你必須實話實說，同時也準備好聽實話，創造出誠實的工作文化是領導者的秘密武器。不真誠就不會有信任，沒有信任，就不會進步。

六、「重點突破」戰略：盡最大努力的突破點

明確訂出讓你走向最終目標的戰略要點，然後全力以赴。

十九世紀拿破崙戰爭期間，普魯士將軍卡爾・馮・克勞塞維茨（Carl von Clausewitz）寫了一本影響深遠的戰略書《戰爭論》（*Vom Kriege*），書中有段他的名言：「戰爭是政治的延續。」

克勞塞維茨也在書中介紹了被稱做「重點突破」的戰略概念，意思是戰略目標就是集中力量打擊敵人最脆弱點，這告訴我們，重要的工作有很多，但對於達成目標來說，其中有一個特別重要。

舉例來說，你是一位受命接管表現欠佳單位的新領導者，任務是進行變革。你準備好接受挑戰了，第一步就是馬上描繪出清楚且激勵人心的未來，譬如：「我們要努力成為世界上最令人欽羨的廉價航空公司，不是『更好』，我們要成為『最好』。」你有本事把提出的未來願景跟團隊裡多數人的願望連結起來。

你和你的「五人團隊」如果想要達成目標，就必須讓組織的表現在質與量方面都有顯著且廣泛的改善，因此你要先決定從何開始，確定整個組織都清楚最重要的突破點，然後全力以赴。這就是「重點突破」戰略，明確點出大家必須盡最大努力的突破點。

例子如下：

我們要比競爭對手努力爭取更多新客戶，我們要成為全國最佳公司。

或

藉由學習烘豆、研磨，我們要煮出全倫敦最好喝的咖啡。

或

我們要成為市場上最迅速處理顧客需求的公司。

或

未來一年之內，我們要把顧客滿意度提升十％。

這些未必是你的終極目標，卻是明確訂出的戰略要點，讓你們能很快地採取行動。

整個團隊都應該專注於「重點突破」，如果這個戰略要點選擇得宜，會讓團隊行動起來暢快淋漓。另外，它也顯示什麼事必須優先處理，什麼可以延後再做，幫助你決定現在應該做什麼、不應該做什麼。這不是指不需要理會其他部分，而是事有先後，要按照重要性依序處理。

如果達成目標是團隊最大的挑戰，就專心去完成；如果在某方面做了改善，其他部分可能受到影響，或者成為新的優先項目，那麼，它們就是你下一個處理的對象。如果「煮出全倫敦最好喝的咖啡」是你的目標，「職員訓練」就不是要突破的重點，除非它直接與最終目標相關；重新定位品牌固然很重要，卻不是現在該做的。

所有團隊都有需要修補的部分，聰明又有能力的人（就像是你）擅長看出哪些部分無成效，而領導者面臨的挑戰則是，在邁向最後目標的路途中，事情並無同等重要性。

「重點突破」的部分才是最重要的，絕不要敷衍了事甚至把它掩蓋起來，要全力去完成。

問問自己，在邁向最後目的地之際，哪些事情最能釋放出團隊能量。

七、確定優先順序指的是「決定不做的事」

專注於那些你應該做、最有效果的事，而不是領導書籍及傳統觀念要你去做的事。

華倫・巴菲特（Warren Buffett）為世界排名最富有的人，他有次問私人飛機駕駛員有什麼野心，顯然不是只想把巴菲特由A點載到B點的飛機駕駛員而已。對方承認了這一點，於是巴菲特要他把想成就的事列出來，最重要的放第一位。駕駛員完成列表之後，巴菲特取出一支鉛筆，把其他所有項目都劃掉，只留下了第一個，並建言如下：「完成最遠大目標的唯一辦法，就是毫不猶疑地停止追逐其他目標。」因此，要獲得最大的成功，不是藉由「確定最想達成的目標」，而是「認清其他次要目標會讓你分心、分散努力」，然後停止去做它們。

我們可以從中學到一課：想成為成功的領導者，決定不做什麼事，跟決定從何處開始一樣重要。

對於許多正在讀本書的領導者而言，衡量成功是以數字呈現，譬如賺到的錢、贏得的點數、通過的考試。不管處在什麼狀況，現代領導者都會面對許多額外壓力，我們生活在一個充斥人資計畫、安全審核、考勤紀錄、招聘指南、紀律規章、工作文化、公司價值觀、電子郵件、演講邀約、市場經營、公共關係、社交媒體、企業永續規畫及公司外部活動的世界裡。包括以上的更多事情都擠在領導者每天的行程中，因此很容易混淆原先單純清楚的目標，甚至迷失方向。

尤有甚者，幾乎所有組織在上述事項都有改善空間，需要領導者予以關注。你一關注，就會發現各個部分都有明顯的弱點及有待改善處：公司外觀不夠雄偉，員工不夠投入工作，工作文化不夠清楚，沒人記得住公司的價值觀，顧客維持率偏低……。你能發現組織裡的確有許多方面需要關注（如果你沒發現的話，表示關注力不夠）。

不廢話的領導者必須學習如何傾聽，同時知道怎麼過濾，並了解企業的現況，毫不猶疑地專心找出從何開始；哪部分不予理會，否則就容易陷入典型變革陷阱。

我初次擔任領導階層工作時，帶領一個長達六年不斷嘗試卻失敗的團隊，在那段陰暗時光裡，我們一直犯同樣的錯誤，改善的都是一些無關緊要的事：聘用更好的人；做出更好的企業永續規畫、人才訓練計畫；想辦法有更好的市場營銷能力，但企業指標卻還是停滯不前。

這是大家經常犯的錯誤，也是我說的「自下而上」方法：拚命處理當前肉眼可見的問題，期望慢慢讓組織往上提升，就像把積水抽出，讓沉船浮出。問題是，這樣做根本無效。

領導團隊花了太多時間做自認為應該做的事，也就是傳統領導書籍告訴我們該做的事。我的建議是：不要做「你認為應該做」的事，而要做終極目標及「重點突破」告訴你該做的事——幫你達到首要目標的事。遵循巴菲特的勸誡，停止做其他的事。

如果你想帶出一個了不起的團隊，就必須完美處理各種不同事項。然而，你必須根據終極目標告訴你的順序處理，不是「自下而上」，也不能全部同時處理。（請見第七十頁的艾森豪矩陣。）

八、堅持不懈地改善

變革並非一蹴可幾，你必須窮追猛打，不斷尋求微小進步。

高檔餐廳的廚房裡，講究的是餐前準備工作，就是器具、食材「各就各位」（mise en place），在廚房正式開始烹調前，準備並安排好所有材料、烹飪器具以及工作空間。這些是英國毒舌電視烹飪節目主持人高登．拉姆齊（Gordon Ramsay）開始咒罵之前的事，你在螢幕上是看不到的。

現在，你已經完成「各就各位」的階段，要開始動手烹調了。

我們再回到先前的三角錐圖形：你現在已經把立樁拔出，處身於地面外沿，位在頂端的最終目標成了你的優先項目，往上前進的過程會是一連串或大或小的行動，但都遵循著你先前已詳細說明的路徑，這些行動也都與你設定的「重點突破」前後一致。

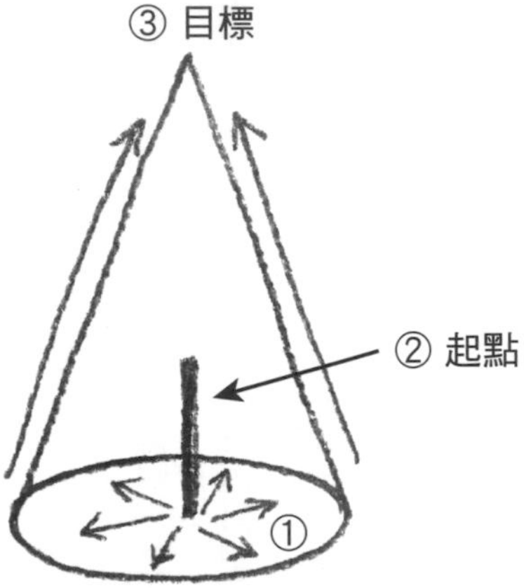

① 你必須先拔除插在地上的立樁，此刻移動方向並不重要，重要的是要快，且離起點愈遠愈好。

② 一旦拔除立樁後，移動方向就成為你的優先項目。

這是在找出方法，讓星期一變得和上個星期五不同：下個星期將會有什麼不同？可以做些什麼讓我們對事情有不同看法？如何破除舊習慣讓自己表現得更好？這可以是重大新倡議，也可以是常見的小行動。舉例來說，也許是在不同時間、不同地點舉行例行領導會議。你會大吃一驚，類似的小動作如何讓人們的想法及做法都變得跟以前不一樣。

這個方法有很清楚的邏輯，就是你和團隊面臨的挑戰和問題都很常見，同樣的問題一再發生。因此，領導者的任務不在於為全新問題找解答，而是為已經熟悉的老問題找出新的答案，譬如：如何維持我們從最大客戶方可獲得的利潤？你也許無法改變問題，但可以改變思考問題的背景，任何一個小步驟都有幫助，你也會驚訝地發現，環境和背景對找出新的答案，可以產生多大的力量。

領導者必須注意，除非已經確認你們往最終目標出發了，否則千萬別讓「水泥塊」現在就凝固。為了達到此目的，你必須專心維持變革的動力。

這是英力士車隊（Team INEOS）總經理戴夫・布萊爾斯福德（Dave Brailsford）倡導原則的變體：微小增長的總和。布萊爾斯福德之前是英國奧運自行車隊的教練，在這段期間，英國自行車隊從沒沒無聞變成世界冠軍，然後他轉往天空車隊（Team Sky，後更名英力士車隊）擔任同樣工作，帶領車隊成為公路自行車賽的佼佼者，其中最引人注意的就是環法自行車賽。他提出的「微小增長」是一個簡單卻威力強大的概念。其重點在於：改善團隊表現不會是大幅度彈跳，而是追求清楚明確、人人明白的目標，在過程中謹慎小心累積出一點一滴的小改善。我們也可以從中發現類似張布利斯教授提出的觀點（第六章：傑出的平凡性）。

「微小增長」深植於天空車隊的文化之中，有段時間布萊爾斯福德還特地聘僱了一位「微小增長主任」，專責找出任何可能的「微改善」。這些無以計數的小變革引發了影響深遠的創新，顛覆了長達一世紀以來自行車場地賽及公路賽的智慧，使得天空車隊成為全球運動最成功的隊伍之一。這些微改善包括了：車架重新研發；緊身衣、護目鏡、頭盔重新設計；在風洞中測試騎車姿勢；依照個別選手體質規劃飲食及營養補充；聘僱心理學家為運動員加強心理素質與耐力；根據選手的需求重新設計團隊的運輸巴士；設置賽前熱身及賽後緩和的區域（很快就被人仿效）；為了讓選手能每晚都睡在自己熟悉的環境，球隊四處征戰時還不厭其煩地帶上每位選手的床墊及枕頭。

這個「微小增長」原則不僅著眼於提供車手更好的訓練，或者改善自行車，它其實把自行車隊的生命、存在價值等種種面向都列入了考慮。布萊爾斯福德體認到傑出就是必須不斷尋找、累積小改善，先去想像該做什麼改善，然後測試、實證，再決定接受或放棄。其傑出之處在於堅持不懈、認知變革連續性及全面性的願景。這是一場大革命，並非僅是彼此互不相關的微小變化。

現在，你應該不用花太多力氣，就可以想出一整套團隊能採取的小步驟，讓你們更有工作效能，所處整體環境更有利於改善。你也許會認為有些部分實在太微不足道，但正是這些微不足道的累積，長時間下來才會造成顯著的改善。舉例來說，想像一個新訪客、新客戶來訪時可能有的感受，這是幾乎每天在生活中都可以碰到的事情，我們都曾經歷過。

例如：

- 網頁上聯絡訊息的可見性與可用性有改進空間嗎？公司的地圖是否與谷歌地圖連結起來？
- 有關於停車場和其他交通方式的指示嗎？
- 對於新來的訪客來說，辦公室的標誌清楚嗎？
- 辦公大樓外觀給人的第一印象是什麼？

- 當你走進辦公大樓時的觀感為何？是組織希望讓人有的觀感嗎？
- 訪客進來時，他第一個遇到並開口問話的人會是誰？他的感受又是如何？
- 訪客到達後，是否能快速找到或被指引到他要去的地方？
- 在接待區等待的感受如何？
- 通常訪客要在接待區等多久？
- 從接待區前往會客室的感受又是如何？

我還可以列舉更多，這些項目對我們來說，都是已經很熟悉的經驗。我敢保證，如果你用心一點，就能夠大幅改善每一個步驟，而且不必花費過多預算。現在，想像一下組織的日常行程，然後用前述方法去思考並改進。這就是所謂的「微小增長」。

九、前後一致

前後一致的敘述才能讓你和團隊在互相了解、處於相同的環境之下，採取各項行動。說的話、採取的行動及標榜的目標都要互相融合成一個整體。

領導者的言行必須前後一致。對於正在進行大規模快速變動的小團隊也好，大組織也好，別忘了多數人的日常工作在大多時候（至少剛開始時）都大同小異。大部分的變革就是要打破這些日常，找出新視角來看待熟悉事務；找出處理日常工作的新答案、新方法。這就是我到目前為止提出的步驟為什麼這麼重要，以及擊破「水泥塊」又為什麼如此困難的原因。

我最近曾和一位非常成功的搖滾樂手一起喝啤酒聊天。對許多人而言，他從事的是夢幻工作，周遊世界、在成千上萬觀眾前玩音樂。但即使是像他這樣的人，也不時會覺得受制於例行公事，甚至嚴重影響到工作樂趣和創作靈感，以致於要常常設法讓自己的日常不變得單調、平凡。如果連巡迴世界的搖滾樂團都會令人感到單調乏味，那麼，任何事情都會——如果你放任不管的話。

想要完成並持續變革，你就要不停地挑戰習以為常的例行公事，確認自己能迅速解決問題。如果某人因為顧客對他大吼大叫而心情低落，你就應該發出一封措辭細膩的電子郵件，詳細解釋公司的新工作文化與價值觀不會太在意這類事件。

這就是為什麼你說的話應該前後一致、讓人容易記住且簡潔有力，專注於小部分想要傳達的訊息，不厭其煩地重複，直至深入人心。這樣做可以為你採取的行動創造出更容易讓人了解的語境，因為就算是最能振奮人心的決定，如果不能讓他人了解領悟，也會顯得過於武斷，連自己恐怕都很快覺得無聊，不過多數人可能要久一點的時間，才會出現這種感覺。

你的目標就是言行合一，在團隊中創造出前後一致的整體印象。

- 前後一致的語言可以加強你描繪的遠景，以及為團隊設計的變革旅程。
- 行動不分大小，都可以推動團隊向前，關鍵是你必須用語言讓團隊成員了解前因後果。
- 你列舉的目標就是團隊的最終目的地，以及變革進程的每日提醒，必須直接加入每日例行工作之中。

十、準備好長期抗戰

領導變革就像是馬拉松的反向配速：起跑時要快，然後為接下來長程崎嶇不平的道路做好準備。

一千五百公尺的賽跑中，跑者起跑後要保持穩健的步伐，但最後兩百公尺就要拚命衝刺。領導變革就像馬拉松的反向配速，應該在一開始盡可能搶先，但也要知道不可能持續保持這樣的步伐。

許多領導者都可以抵達這個階段：一開始充滿熱情、勤奮，也做得不錯，很快就能達成初步目標，隨後進展得算順利，問題是，接著整個團隊就慢慢開始感到倦怠甚至偏離方向，最後無法達成先前設定的最終目標。領導變革的人事先需要極好的準備工作，起步要快，還要有能量與動力繼續接下來的長程賽跑。

變革需要時間來實現，新的習慣和工作文化都可以形成，但不要低估那些舊的習慣及文化重新抬頭的可能，特別是在承受壓力之際。就像運動隊伍的教練要持續注意運動員表現，不時變動訓練計畫，以免讓運動員覺得枯燥乏味而影響進步，領導者必須時時尋找新事物，來維持並激勵團隊動力。

領導變革是一個逐漸演化的過程，需要有體力、毅力與謙遜的態度，以及商業書籍常提起的：個人魅力、聰明才智與活力幹勁。靠著腦內啡、腎上腺素、咖啡因，你可以支撐的時間有限，最終還是需要各方面平衡的生活，並為自己及團隊找出能支撐長久的工作方式。在情況嚴峻時，領導者的價值體現在全心投入上，但在事情上了軌道後，領導者大可去打打網球，或者做想做的事，自我放鬆、充電一下，畢竟，快樂的時光總是無法長久。

最後，讓我再回到春田小學的妮娜。變革不是像公路旅行一樣的線性狀態，讓你能按照里程標示一段段地完成。妮娜的團隊十分傑出，動能十足、目標一致，也獲得授權做他們認為該做的事，即便如此，他們也是經過三年的努力，才看到一些成果。變革成功究竟要耗費多少時間，沒有一定的規則可循，因為每種情況都有獨特性。根據妮娜的經驗，其實也是成千上萬領導者的經驗，變革需要時間才能見到成果，以妮娜的案例來說，花費三年時間看到的只是初步成果而已，之後還要經過好多年的成功與失敗，才有辦法宣布「真的做到了」。那間曾經長期處於危機中的學校，如今已是倫敦地區最好的學校之一，成為其他學校仿效的模範。學校跟家長、學生之間的關係非常融洽，也是很多優秀老師希望能前往工作的地方。他們創造出一個可持續、能複製的傑出工作文化。

這個經驗是典型的成功變革計畫，也說明了你必須為自己和團隊做好計畫，準備進行長期努力。到達頂峰的那一刻，你會看到地平線之上還有更多雄偉的山脈。

不說廢話

第8章 領導改革

一、看、聽、學——「接待區測試」

盡可能用清楚簡單的方法為團隊處境、地位及工作表現做出明確定義。

←

二、訂定目標，找到最初的「五人團隊」

你單靠自己無法完成目標，誰是你最初的「五人團隊」？

←

三、放手去做，創造信念

創造出快速、明顯的變革來證明確實可行，並由此建立起團隊信念與信心。

←

四、讓團隊目標成為每個人的事

確認團隊成員都明白為什麼變革符合個人利益（包含其他利益相關者，例如客戶或總公司）。

五、如實說明與傾聽 ←

誠實面對自己及他人，創造出可以對上位者說實話的文化。

六、「重點突破」戰略：盡最大努力的突破點 ←

明確訂出讓你走向最終目標的戰略要點，然後全力以赴。

七、確定優先順序指的是「決定不做的事」 ←

專注於那些你應該做、最有效果的事，而不是領導書籍及傳統觀念要你去做的事。

八、堅持不懈地改善 ←

變革並非一蹴可幾，你必須窮追猛打，不斷尋求微小進步。

九、前後一致

前後一致的敘述才能讓你和團隊在互相了解、處於相同的環境之下，採取各項行動。說的話、採取的行動及標榜的目標都要互相融合成一個整體。

十、準備好長期抗戰 ←

領導變革就像是馬拉松的反向配速：起跑時要快，然後為接下來長程崎嶇不平的道路做好準備。

結語

生命的腳步很快，如果你不偶而停下腳步四處看看，就可能會錯過它。

——「蹺課天才」（Ferris Bueller's Day Off）電影主人公費利（Ferris Bueller）

本書的引言雖然簡單卻野心勃勃，主要是為了掃除圍繞在領導主題上的廢話，讓讀者能從全新角度來思考究竟什麼才是領導，以及對現代領導者來說，什麼才是最重要的事，也提供一個直截了當的架構，讓讀者可以參考。目的是經由剖析已被過分討論的領導概念，來激勵、解放讀者的思維。

領導確實相當困難，卻並不複雜。我寫本書的目的就是想鼓勵並讓更多人認清自己是怎樣的領導者，或能成為什麼樣的領導者。領導就是將一群人從現在所處的起點，帶往未來經過明確定義的另一點。領導者必須用淺顯易懂的語言描繪出起點在哪裡？大家共同的野心或志向是什麼？最後的終點又在哪裡？領導者也必須建立起有效率的工作文化，讓團隊成員願意加入、遵循並有所表現。最後，當該說的話說完，就要通過高效的決定來讓整體團隊前進。

領導的民主化——或者更確切一點地說，成為領導者機會的民主化就是本書的終極目標。我們在各個層面都需要更多的領導者，這些領導者來自社會各個角落，以學歷、出身、財力來決定誰才是領導菁英的想法大錯特錯，反而會讓我們的社會少掉更多好的領導者。我們特別需要出身背景欠佳的領導者，例如那些有聰明才智、技能、願望，卻因出身環境，認為絕不可能是自己的人；同時也要釋放出已居於領導地位者的潛能，無論他是教師或政治人物，讓人們重新思考如何去領導，甩開那些擋在半路上的胡扯廢話，專注於領導最重要的部分，進而成為更成功的領導者。

剖析領導因此成為相當重要的力量，讓過去誤會自己沒資格成為領導者的人，能夠發揮潛力、衝破障礙，實現成為領導者的願望。

這本書的另一個野心，是要鼓勵大家敢於承擔責任，同時也能優秀地領導，因為優秀地領導除了會有回報之外，還是一股能幫助他人改善生活的強大力量。對許多人而言，渴望成為領導者，是一條能實現夢想與野心的道路。接受昂貴教育或考試成績優異不必然能造就好的領導者，優秀的領導者可以讓人美夢成真，改善相關人士的生活，也可以解除每個人都有的包袱，並創造出其他優秀領導者，與從前不曾存在的機會。我們愈將領導這件事清楚剖析，就會有更多的人相信自己也能辦到，且相信自己可以在重要的事情上，促成重要的改變。

因此，本書並非普通的領導書，也不是寫給只想晉升、加薪者閱讀的書，而是給那些想要做事、實現夢想、解決問題、幫助他人、做得更好、試圖改變，以及受到挫折並失去耐性的人。我的一位前同事就曾問過：「你在為志向比你小的人工作嗎？」如果你是如此，這也是你該讀的書。

儘管有許多人努力想讓「領導」變成理論或學術主題，但它並不是，而是一種能夠通過演練和失敗經驗完善的技術。你必須留意那些自稱是「領導專家」的人，他們可能只是在學校裡學了一些皮毛，或者讀了一些相關書籍後，照搬別人的說法。你絕不會跟從未在駕駛艙內待過的人學開飛機，同理，你也不該向未領導過團隊的人學領導。一個好的領導者絕不是個「理論家」，而是個「實踐家」。

領導只是生命中的一部分，只是眾多的夢想之一，雖然是自我完滿的一條道路，你也不該為它耗盡全力，否則只會讓自己筋疲力盡。我們都不只是自己一個人，還身處於許多不同狀態，同時是員工、夥伴、老闆、兄弟姊妹、父母和孩子。想要領導，你必須要在各個面向間取得平衡，也要能隨時關機、走開，然後放鬆自己，星期一再重新換上一副嚴肅的臉孔。

我希望已經激發了你用更清楚、更實際的方法，從不同角度審視領導。然而說到底，這本書只能提供一個架構，其他的還得靠你自己。

最後，我想引用一段喬治・艾略特（George Eliot）經典作品《米德爾馬契》（*Middlemarch*）裡的美麗文字，這段文字概括了我們這些小人物所能扮演的角色：

世上善的增長，一部分也有賴於那些微不足道的行為，而你我的遭遇之所以不致如此悲慘，一半也得力於那些不求聞達，忠誠地度過一生，然後安息在無人憑弔的墳墓中的人們。

艾略特本人當然並非無人聞問，我在此斗膽略為修改她的文字：「世上善的增長，大部分也有賴於那些傳說中的領導者，他們就是你我的遭遇之所以不致如此悲慘的原因。」

這世界上已有數以百萬計的領導者，如果能夠得到機會並牢牢抓住，還會有更多人可以成為領導者，若真如此，不是對大家都能帶來好處嗎？

現在，我們就不說廢話，開始努力吧！

國家圖書館出版品預行編目資料

領導就是帶人從起點到完成目標 / 克里斯・賀斯特（Chris Hirst）著；梁東屏譯. -- 初版. -- 臺北市：商周, 城邦文化出版：家庭傳媒城邦分公司發行, 2020.03
面； 公分
譯自：No bullsh*t leadership : why the world needs more everyday leaders and why that leader is you
ISBN 978-986-477-792-1（平裝）
1.領導者 2.職場成功法
494.2 109001071

領導就是帶人從起點到完成目標

作　　者／克里斯・賀斯特（Chris Hirst）
譯　　者／梁東屏
責任編輯／黃筠婷
版　　權／黃淑敏、林心紅
行銷業務／林秀津、王瑜、周佑潔

總 編 輯／程鳳儀
總 經 理／彭之琬
事業群總經理／黃淑貞
發 行 人／何飛鵬
法律顧問／元禾法律事務所 王子文律師
出　　版／商周出版 城邦文化事業股份有限公司
115台北市南港區昆陽街16號4樓
電話：(02) 2500-7008 傳真：(02) 2500-7579
E-mail：bwp.service@cite.com.tw
發　　行／英屬蓋曼群島商家庭傳媒股份有限公司 城邦分公司
聯絡地址／115台北市南港區昆陽街16號8樓
書虫客服服務專線：(02) 25007718・(02) 25007719
24小時傳真服務：(02) 25001990・(02) 25001991
服務時間：週一至週五09:30-12:00・13:30-17:00
郵撥帳號：19863813 戶名：書虫股份有限公司
讀者服務信箱E-mail：service@readingclub.com.tw
城邦讀書花園www.cite.com.tw
香港發行所／城邦（香港）出版集團有限公司
香港九龍土瓜灣土瓜灣道86號順聯工業大廈6樓A室
電話：(852)2508-6231 傳真：(852)2578-9337
Email：hkcite@biznetvigator.com
馬新發行所／城邦(馬新)出版集團 Cite (M) Sdn. Bhd.
41, Jalan Radin Anum, Bandar Baru Sri Petaling,
57000 Kuala Lumpur, Malaysia
電話：(603) 9056-3833 傳真：(603) 9057-6622 E-mail: services@cite.my

封面設計／李東記
電腦排版／唯翔工作室
印　　刷／韋懋實業有限公司
總 經 銷／聯合發行股份有限公司 電話：(02)2917-8022 傳真：(02)2911-0053
地址：新北市231新店區寶橋路235巷6弄6號2樓

■ 2020年03月12日初版
■ 2024年08月22日初版2.2刷

Printed in Taiwan

Original title: *No Bullsh*t Leadership* (*No Bullshit Leadership*)
Copyright © Chris Hirst, 2019
Complex Chinese translation copyright © 2020 by Business Weekly Publications, a division of Cité Publishing Ltd.
This edition is published by arrangement with Profile Books Ltd. through Andrew Nurnberg Associates International Limited
All rights reserved.

城邦讀書花園
www.cite.com.tw

ISBN 978-986-477-792-1
定價／350元 版權所有・翻印必究